夏

气象中的二十四节气

郑远——著

九州出版社
JIUZHOUPRESS

序言

一年四季，春夏秋冬；寒来暑往，周而复始。大自然按照自己的规律和节奏默默运行了数十亿年，创造出无以计数的生命及其赖以生存的环境。正如古人所说："天地不言，化育万物。"每每想到我们人类乃是借由天地孕育而来，就会不由自主地心生感叹，博大无比的天地竟然还有如此脉脉温情的一面。

春生夏长，秋收冬藏。四季之夏，是大自然最为热情洋溢的青壮年时期，辽阔的天空阳光明媚，风起云涌间暴风骤雨，草木繁盛中鸟语花香。不论是天气现象还是动物植物，都在夏季逐渐呈现出生机勃勃、发展向上的态势，这种规律早就在中国古代用于反映太阳运行、季节交替、气象变化、生物表征的"二十四节气"中体现得淋漓尽致。

二十四节气划分的根本依据是太阳沿黄经运行的度数，把黄道360度圆周划分成24等份，每等份15度为一个节气，全年共二十四个节气，每月有一"节"一"气"，"节"为一月之始，"气"为一月之终，现已通称"节气"。古人在长期观察中，发现天地生灵在适应自然周期性变化中形成了相应的生长发育节律，故将每个节气划分为三个物候，全年共计七十二个物候。由此不难看出，二十四节气是古代先民通过观察天体运行，以及把握气候变化、物候特点、农作物生长等方面变化规律所形成的知识体系，其中蕴含了中华民族悠久的文化内涵和历史积淀，不仅对农业生产而言不可或缺，而且也深刻影响到古人的衣食住行乃至文化观念等方方面面。

我们任意以"夏"这个季节举例。二十四节气中属于夏季的六个节气分别是：立夏、小满、芒种、夏至、小暑和大暑。每个节气又对应三个物候，所以夏季一共有十八个物候。本书便是以二十四节气和七十二物候为基础，全面具体、生动贴切地从气象特征、生物节律、时令饮食等几个方面，图文并茂地展现了夏季万物由生发至鼎盛的过程。

我们首先来看看气象特征。气象特征对节气来说至关重要，那么什么是气象呢？气象的定义是某一地区在某一瞬间或某一短时间内的大气现象（风、云、雨、雪、干、湿、雷、电等）及其状态（温度、压强、湿度、密度等）。节气概括和总结了影响我国的各类天气系统和大气团相互作用形成的周而复始的天气现象周期。通过节气的命名，我们可以直观地体会到季节、温度的变化。比如，立夏意味着春天结束和夏天开始，温度要进一步升高了；夏至表明炎热夏天的来临，是北半球一年中白昼时间最长的一天；小暑、大暑意味着盛夏开启，温度最高、烈日当头的日子到来了。所以夏季的节气反映了太阳给予北半球温带地区的热量逐渐上升的过程和幅度。此外，节气还为我们精准“预测”了这个时期多发的天气过程和气象灾害。例如，立夏之后雷雨会增多；小暑之后南方应注意抗旱，北方须注意防涝；大暑之后旱、涝、风灾等各种气象灾害最为频繁。这些天气过程和灾害的形成均与夏季热量充足、大气运动剧烈相关联。不同节气显然具有不同的气象特征，而在古代，气象特征除了表示天气状况外，更大的意义在于它左右着农时。以立夏节气为例，该节气的表面含意为夏季开始，此时我国黄河中下游地区的平均气温会出现飙升，雷暴雨等强对流天气进入全年盛期。但是本书告诉我们，从现代气象学意义上讲，立夏节气与真正意义上的夏天无关，与之关系更紧密的是农时和物候。书中引用古诗为证，“孟夏之日，天地始交，万物并秀”，可见这个节气的目的在于提醒人们此时此刻春季生长的农作物进入了成熟乃至收获季节，这才是立夏节气的核心内容所在。

七十二物候根据我国黄河流域动植物及其他自然现象的变化情况制定，每候为五天，各候均以一个物候现象相应，称“候应”。候应有两类，一类是生物候，包括动物或植物，如本书中提到的立夏节气初候为“蝼蝈鸣”，三候为“王瓜生”；另一类是非生物候，属于自然现象，如小暑节气的初候为“温风至”等。我国气象学家竺可桢在《大自然的语言》一文中曾经写道：“几千年来，劳动人民注意了草木荣枯、候鸟去来等自然现象同气候的关系，据以安排农事。杏花开了，就好像大自然在传语要赶快耕地；桃花开了，又好像在暗示要赶快种谷子。”他的这番话表明，古人通过物候说明节气变化，其最终目的仍在于指导农事活动，比如说根据物候预报农时和选择耕地及播种日期，等等。

二十四节气不仅在农业生产方面具有指导意义，同时也影响到古人的衣食住行等各个方面，他们据此形成的很多饮食习俗源远流长，即使在现代化程度如此之高的今天仍然令我们念念不忘。比如本书中提到的立夏吃豌豆糕，小满吃苦菜，芒种时节的端午节吃粽子，夏至吃夏至面，小暑吃莲藕，大暑吃荔枝等，不一而足。可见“应时而食”的饮食理念是多么深入人心，就连大圣人孔老夫子都会坚定奉行“不时不食”的饮食之道。

作为一套科普读物，本套书既谈论科学知识，又不乏生活情趣，语言简练，深入浅出。书中配有大量插图，内容生动有趣，活灵活现，对读者认识节气及其意义颇有帮助。本套书的设计堪称精美，格调清新雅致，图文并茂，插图色调亮丽、明快、高雅，具有浓郁的中国民族色彩审美意趣，与最地道的本土产物二十四节气相得益彰，再加上朴实、简洁的文字与之互为映衬，可以大大淡化科普图书容易出现的乏味与呆板，让读者在咀嚼知识的同时，还能获得一份轻松愉悦的审美体验，可谓是寓教于乐，老少咸宜，不失为一部难得的美文佳作，非常适合各种年龄和层次的读者阅读。

如果您是一位大读者，希望本套书在呈现中华民族悠久文化精华的同时，以优美恬静的画风给您带去平静和惬意，让您在忙碌的生活中稍稍放松心灵，小憩一下。如果你是一位小读者，希望本套书成为你家里亲子时光的家庭读本，请爸爸妈妈陪伴你慢慢感悟和体验古人眼中的四季更迭、寒来暑往、生命轮回，让二十四节气带领你走进这个绚丽美妙、惊喜连连，却又井然有序的大自然。

中国科学院大气物理研究所　刘晓曼博士

目录

夏

立夏

斗指东南，维为立夏，万物至此皆长大。

第一部分

气象特征

立夏节气在每年的5月6日前后。二十四节气中，以“立”开头的节气共四个，都代表季节开始之意，立夏当然指夏天从此开始。

这个“夏天”并不是现代气象学意义上的夏天，而是与农时、物候联系得更为紧密。古人云：“孟夏之日，天地始交，万物并秀。”意思就是春季生长的作物进入成熟乃至收获的季节，冬小麦即将抽穗，油菜花已经盛开，农田一派欣欣向荣的繁盛景象。

立夏之“时”

立夏节气算是我国夏季的开启，但要严格套用气象标准，又并非真正代表入夏。古人对世界的认知经验和现代的科学标准之间，还是有一些微妙的差异，但最终它们在时令变化上完美贴合，让我们不得不感叹祖先的智慧。

随着全球气候变暖趋势的加剧，现在的立夏，夏意更浓。立夏时，除青藏高原等高海拔地区外，全国其他地方的日最高气温都可以超过30℃。2020年立夏节气之前，河南出现了40℃以上的高温。

立夏时，除青藏高原和东北三省外，全国较凉的地方就是华东沿海了。

青藏高原是世界屋脊，受垂直温度带影响明显，终年寒凉；东北三省纬度高，位置在我国最靠北，会受到西伯利亚冷空气的影响。

那么华东沿海，譬如山东半岛、江苏、上海和浙江东部，又是怎么回事呢？这些地区是受到海陆热力性质的影响。由于东海、黄海和渤海升温很慢，所以华东沿海的气温往往低于华北平原甚至西北戈壁滩，对比江浙沪和中原地区，立夏节气是最有可能出现南北气温倒挂的节气。

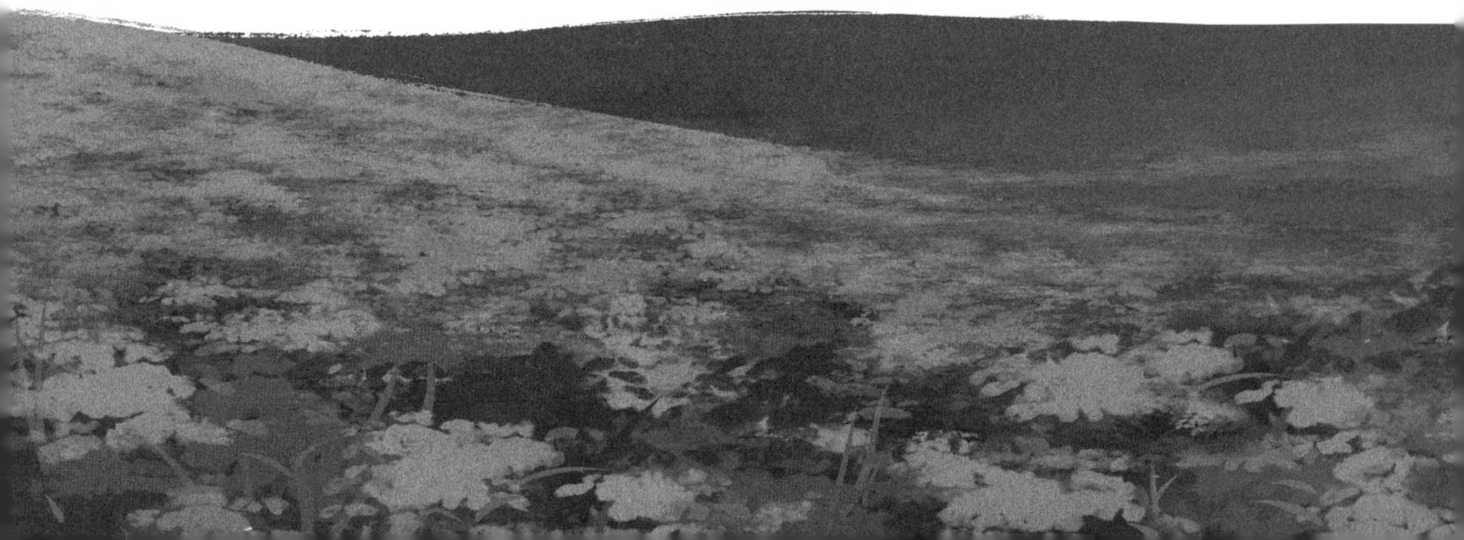

立夏之“气”

立夏时，我国上空不再是大陆冷气团和海洋暖气团的“二人转”了，气团对峙情况更加复杂，占据主导地位的是大陆干热气团。

正如我们在前面节气中介绍的，这种气团的来源有两处，一处是西南的崇山峻岭，一处是西北的荒漠戈壁。立夏节气前后，在海陆热力性质差异的作用下，大陆的热力逐渐超过海洋，所以不管南北，远离海洋的大块陆地均成为干热气团的发源地。

相比之下，立夏之时大陆冷气团的势力大为收缩，南下只是走过场，也很难跨越长江了。不过，如果大陆冷气团和海洋冷气团结合，还是可以造成猛烈的降水和降温天气。最常见的模式是，西伯利亚大陆冷空气南下到东北，和水汽结合之后，再南下到渤海、黄海，从江浙沪向西南方向渗透，让南方降温。

立夏骄阳

立夏前，太阳直射点已经抵达北纬10度以北，也就是我国中沙群岛南部的南海海面。因此，立夏时的太阳已经是刺眼的骄阳了。在它的烘烤下，我国陆地迅速升温，远离海洋的西南、西北地区成为大陆干热气团的发源地，大陆冷气团被逐出我国，即使南下也很难形成气候。

这段时间，海洋水汽还未大规模向北输送，所以我国各地的日照时间增长很快。在海南和云南，一年之中最干热的时段会在立夏时出现；在长江流域，由于暖气团迅速占据上风，这里的连阴雨减少，日照时间增多；在北方，由于冷气团南下乏力，沙尘也逐渐减少，阳光逐渐占据主场。

立夏风雨

立夏在谷雨和小满这两个降雨高峰期之间，水汽向我国的输送处于相对低谷期。主要原因在于，大陆干热气团太强，而夏季风还未爆发，虽然降雨总体量仍在增加，但增加的幅度不如谷雨节气大，更不如之后的小满节气。

立夏期间，我国的东风、南风继续占主导地位，但在北方，西北方向来的干热风和东北方向来的湿冷之风，有时候也能造成很大的影响。

虽然水汽增长的速度不快，但大陆热量迅速累积，所以立夏时的强对流天气非常厉害，飑线、雷雨大风、短时暴雨、冰雹等屡见不鲜。

立夏典型天气

晴热高温

受大陆干热气团的影响，立夏节气前后，我国华南、西南、江淮、华北等地都容易出现晴热高温天气。如2020年5月3日之前，河南等地出现37℃以上的高温；5月3日当天，成都温江国家站最高气温达35℃，追平此站5月最高气温纪录。

强对流

这段时间陆地能量积累较多，如果有冷空气南下，容易出现飑线、雷暴大风、短时暴雨、冰雹甚至龙卷风等强对流天气。如2020年5月5日，受冷暖空气交汇的影响，华中和华东多地发展出了飑线，湖南、湖北、江西、福建、浙江等省出现了1小时50毫米以上的短时强降水、10级以上的强雷暴大风，以及冰雹等恶劣天气。

寒潮暴雪

立夏前后的寒潮主要发生在北方，暴雪主要出现在东北。如2020年5月3日下午，内蒙古、黑龙江、吉林和辽宁的不少地方24小时内降温超过20℃，其中内蒙古通辽降温26.8℃。在急剧降温中，哈尔滨的雨滴逐渐转为雪花，晚上8点前后出现了大雪纷飞的景象。5月4日，冷空气继续南下华北，山西阳泉下午2点时的气温比前一天同时间下降26.1℃，郑州的气温下降24.4℃。

第二部分

立夏三候

初候，蝼蝈鸣。

二候，蚯蚓出。

三候，王瓜生。

初候，蝼蝈鸣。

“蝼蝈，蛙也。”在立夏节气的夜晚，蛙声此起彼伏。不过也有人认为，蝼蝈是一种叫蝼蛄的农业害虫，对季节变化特别敏感，在立夏时已经钻出地面，开始聒噪个不停了。我国古籍《淮南子》中说：“蝼蝈鸣，邱螾出，阴气始而二物应之。”

二候，蚯蚓出。

蚯蚓是善于钻地和疏通土壤的益虫。蚯蚓对温度和湿度特别敏感，而且由于它们久居地下，对地温变化也特别敏感。蚯蚓出来活动，说明气温和地温都已经上升到位，中原地区不太可能再度降温到0℃以下，这就是夏天到来最明显的信号。

三候，王瓜生。

王瓜属于葫芦科，是一种对季节变化特别敏感的植物。如果说蝼蝈和蚯蚓主要感知地温，那么王瓜就重点感知气温和阳光雨露。在立夏节气到来之际，王瓜伸展藤蔓，长出枝叶，开出花朵，这正是日照增加、气温上升、湿度增大到夏天临界点的表现。

第三部分

节气习俗

山中立夏即事

［明］蔡汝楠

一樽开首夏，独对落花飞。
幽僻还闻鸟，清和未换衣。
绿帏槐影合，香饭药苗肥。
尽日柴关启，蚕家过客稀。

迎夏

立夏时节，适宜的温湿条件使农作物进入生长旺季，夏收作物有待收割，早稻急于插秧，农事活动进入繁忙期。农民们在田间忙得热火朝天，帝王也没有闲着。立夏这天，天子要率领百官去南郊“迎夏”，祭祀司夏之神祝融，以祈求获得这一季谷粮满仓的大丰收。古时，举国上下对农耕都极为重视，因此“迎夏”仪式十分隆重。祝融不但掌管夏天，同时也是火神，为表达对他的尊崇，君臣一律要穿朱色礼服，佩戴朱色玉佩，车上插的旗子也全部都要是朱红色。为将农耕落到实处，天子还会指派司徒官到农村劝耕和监督劳作。

称人

“称人”，就是称体重。在二十四节气中，有两个节气有“称人”的习俗，一个是立夏，一个是立秋。这是因为酷暑即将到来，又到了苦苦煎熬、不思饮食的时节。为了弄清自己的身体状况，人们要在立夏和立秋日分别上秤称一称，看看夏天过后体重掉了多少，在立秋时赶紧“贴秋膘”补一补。大人称重时，双手握住秤钩，双脚离地；小孩就坐在一个大箩筐里，箩筐挂在秤钩上。负责称重的人嘴上要像抹了蜜似的甜，吉祥话不断，称老人时要说：“秤花一打八十七，老人家活到九十一。”称小孩时就要说：“秤花一打二十三，小官人长大会出山。”听得大家心里美滋滋的，掉体重的烦恼也忘却了大半。

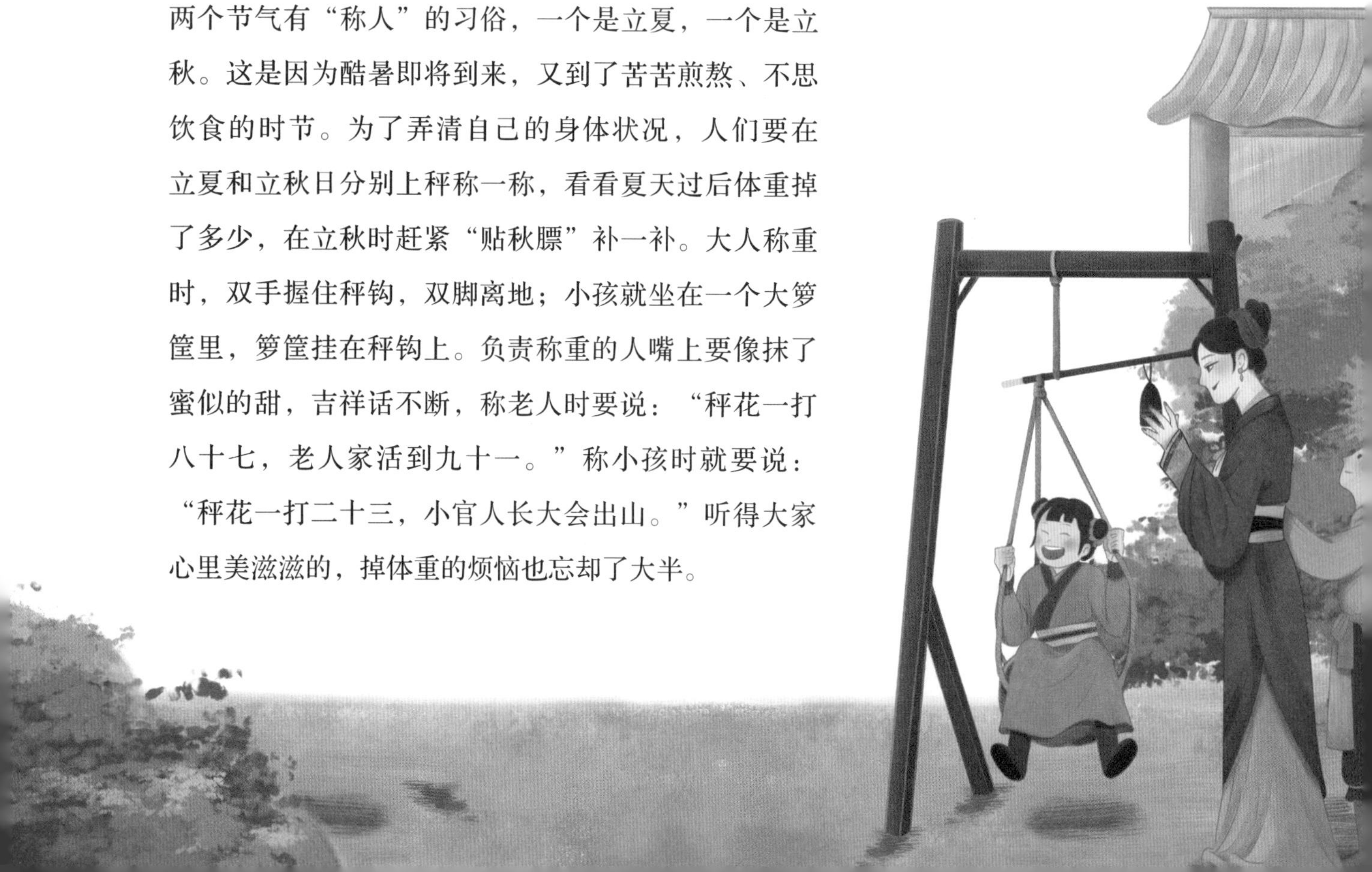

七家茶

古代的消暑方式十分有限，农民在烈日下做着繁重的农活，苦苦夏日尤其难挨，因此，民间才有各种对付苦夏的习俗。在苏州一些地区，立夏这天要喝“七家茶”。冲泡“七家茶”的茶叶至少要来自七户人家，可以是邻居或亲朋好友，总之不能用自家的茶叶。收集来的茶叶混在一起，需用去年的“撑门炭”来烹煮，据说喝了可以护佑身体健康。在浙江的农村，“七家茶”“七家粥”还意味着“尝新”。各家各户带来自家炒好的茶叶，混在一起泡成“七家茶”；或者带来米和豆子，煮成一大锅“七家粥”。左邻右舍借此机会聚在一起，饮茶、喝粥，忙中偷个闲，彼此互助打气，共度夏忙时节。

立夏蛋

过去在立夏时，孩子们要玩一个有趣的游戏，用的道具就是“立夏蛋”。立夏蛋是煮熟的鸡蛋，煮好后放到一个小网袋里，挂在孩子胸前。讲究的妈妈会将立夏蛋装饰一番，画上好看的颜色，用五彩丝线编织网袋，下面还留着长长的流苏。古人认为光滑圆溜的蛋象征圆满如意，挂立夏蛋可以保佑孩子平安度过夏日。孩子们更开心，“斗蛋”可是这天独有的游戏，规则就是将蛋两两相撞，谁的蛋破，谁就输了。蛋的尖端为“头”，圆端为“尾”，头撞头，尾撞尾。最终，蛋头胜利者是第一名，立功的蛋被封为“大王”；蛋尾胜利者是第二名，立功的蛋被封为“小王”。

第四部分

花开时节

夏意

［宋］苏舜钦

别院深深夏簟清，石榴开遍透帘明。

树阴满地日当午，梦觉流莺时一声。

石榴

石榴的花期在4月到7月，开花时间长，可以从春天一直开到盛夏。相传张骞出使西域时将石榴引入中国。虽然我国不是石榴的故乡，但由于石榴果籽多汁甜，有多子多福的吉祥寓意，自古人们就不把它当“外人”。红色是属于夏天的颜色，古代帝王迎夏要穿戴红色的服饰，满树火红的石榴花更预示了夏天的热烈。石榴花的花瓣不似桃花、杏花那般平展，而是有天然的褶皱，看上去犹如一团有生命的火焰。“似火山榴映小山，繁中能薄艳中闲。一朵佳人玉钗上，只疑烧却翠云鬟。”诗人杜牧见佳人头戴石榴花，疑心它是否会点燃了美人的发髻，这番联想实在是有趣又形象，让人忍俊不禁。

杜鹃

杜鹃花又名映山红，花期在4月到5月，五片花瓣组成漏斗形状，花朵密集，颜色鲜红，开花时漫山遍野的烂漫，是名副其实的“映山红”。至于杜鹃花这个名字，则由杜鹃鸟而来。杜鹃鸟又叫子规鸟，传说古蜀国国王杜宇为人谦逊，又十分爱民。杜宇在位期间，蜀国遭遇洪灾，大臣鳖灵治水有方，救下无数百姓的性命。杜宇自觉有愧于王位，认为鳖灵比自己更有治国之才，便主动禅位于他，自己归隐山林。在他离去这天，杜鹃鸟不停发出“子归！子归！”的悲鸣，每当蜀国人听见它的鸣叫声，就怀念起曾经的国王。后来，民间又传杜鹃鸟是杜宇的化身，它悲鸣时啼出的血染红了杜鹃花，也为杜鹃花染上了一层悲壮的色彩。

石楠

石楠是我国古代园林中常见的树种，夏可赏花，秋可观果，冬季也可见绿叶。石楠最初叫“石南”，这是因为它生性喜阳，多生长在南面向阳的地方。《花镜》中称它“树大而婆娑”，常被园艺师傅修剪成球形、方形，作为隔离带上的绿篱。石楠在每年的4月到5月开白色的小花，花序成伞状，丛丛簇簇，好像落在枝叶上的皑皑白雪。只是花朵散发着奇怪的气味，使很多人不愿凑近观赏。这是石楠为了传宗接代、吸引昆虫授粉而特意发出的气味，可管不了人类的感受。石楠新生的嫩叶为紫红色，生于枝条的顶端，有人误以为是红花；到了深秋，又有红色玛瑙般的小果子缀满枝头，一年四季皆具观赏价值，难怪会受到园艺师的宠爱。

第五部分

豌豆宛宛

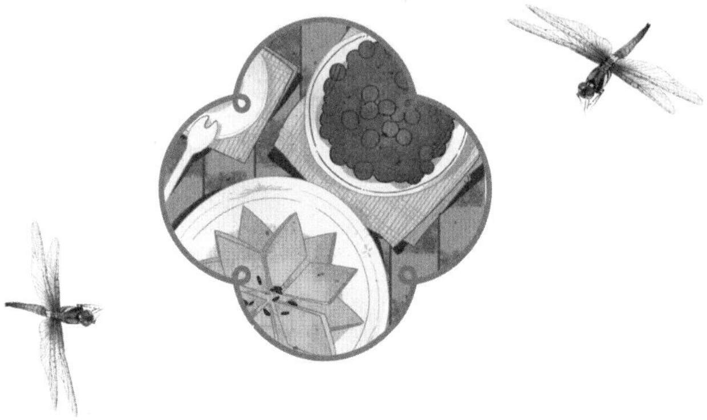

立夏时节，正是豌豆上市的时候。剥开碧绿的豆荚，一颗颗光滑圆润、翠绿发亮的豌豆整齐地“排排坐”，用手指轻轻一捋，豆子们就争先恐后地跌落到盆中，发出嘭咚、啪咚的响声。

立夏饭

在南方很多地区，立夏日的午饭要吃带有豌豆的立夏饭。立夏饭最初叫“五色饭”，由赤豆、黄豆、黑豆、青豆等五种颜色的豆类和大米煮成，后来改为掺杂豌豆的糯米饭。

和立夏饭搭配的，还有成双的煮鸡蛋、成对的全笋和一盘带壳的豌豆。旧时的人们对生活有着朴素的想象与期望，蛋形如心，食蛋可以使心气充足；成对全笋象征人的双腿，寓意双腿如竹笋般强健；带壳豌豆形似眼睛，希望双眼像豌豆般清亮。

豌豆是立夏饭中的主角，立夏时节正是豌豆上市的时候。剥开碧绿的豆荚，一颗颗光滑圆润、翠绿发亮的豌豆整齐地“排排坐”，用手指轻轻一捋，豆子们就争先恐后地跌落到盆中，发出嘭咚、啪咚的响声，做熟后的豌豆清爽中带着丝丝甜意。豌豆不仅外表惹人爱，而且嫩叶、嫩梢、嫩豆荚都可食用。其中，末端的嫩叶和嫩梢被称作“豌豆苗”或“豌豆尖”，可清炒，也可用作火锅的配菜。

豌豆起源于地中海沿岸和中亚等地，有一种说法是，张骞出使西域时带回豌豆的种子，豌豆开始在中原地区种植栽培。在历史上，豌豆拥有众多不同的名字。我国古代称北方边地及西域各民族为“胡”，而豌豆由西域引进，所以它最开始叫“胡豆”；因为它的颜色碧绿，又被称为“青豆”和“青小豆”；又因它生长过程耐寒不耐热，故得名“寒豆”和“雪豆”。豌豆是一种攀缘植物，李时珍形容它：“其苗柔弱宛宛，故得宛名。”“宛”字加上豆字旁，便是“豌”了。

豌豆糕

夏季炎热，连胃口似乎都被“晒蔫”了，吃不下饭，还常常感到困乏，这种现象即为“苦夏”或“疰夏”。可是，小孩子正是长身体的时候，这时就需要清凉爽口的食物来开开胃，增加食欲。专门记载民国时期南京民俗的《金陵岁时记》里说：“立夏，使小儿骑坐门槛，啖豌豆糕，谓之不疰夏。”立夏这天，小孩子骑坐在门槛上吃豌豆糕，整个夏天就可以避免疰夏。这也许表达了人们要把厌食之感挡在门外的愿望。

豌豆糕的制作并不复杂，通常先将豌豆捣碎、去皮，然后煮烂变成糊糊状，加入砂糖小火慢炒。民间传统做法要在里面放上红枣肉、柿饼等，之后放凉凝结，最后用刀切成小块，吃起来口感细腻，温润甜滑。

豌豆糕传入京城后改名叫豌豆黄。“从来食物属燕京，豌豆黄儿久著名。红枣都嵌金屑里，十文一块买黄琼。”这首出自《故都食物百咏》里的诗，表明了豌豆黄在燕京传统小吃中占有的重要席位。豌豆黄本是民间小食，相传在慈禧时，被皇宫御膳房改良，之后便“黄袍加身”，成为宫廷宴席上的名点。从此，豌豆黄便有了“粗细”之分。粗豌豆黄就是原先的民间做法，皇宫里的细豌豆黄，则要选取上好原料，工序精细讲究，容不得半点杂质，凝结成块时不能有丝毫裂纹。细豌豆黄在配方中去掉了红枣等配料，回归它本身的豆香味，味道更加纯正了。

御厨们对豌豆黄全新的诠释与演绎，使它在小吃界赢得名副其实的地位，甚至成为国宴上的常客。1972年，美国总统尼克松访华，周恩来总理亲自指定豌豆黄为宴席上的第一道甜点。

小满

小满，小满，江河渐满。

第一部分

气象特征

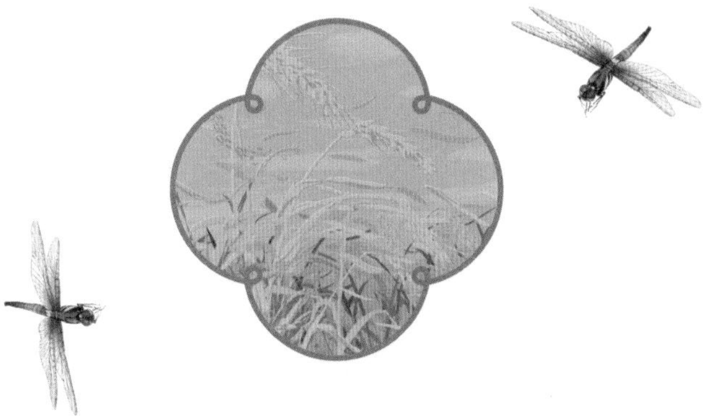

和雨水、谷雨等节气一样，小满是表征降水的节气，寓意在小满节气前后，江河湖泊开始涨水，变得“小满”。小满还有另一层含义，就是在这个时候，中原一带的小麦等作物开始灌浆，种子逐渐变得饱满，但因为还未完全成熟，不是“大满”，而只是“小满”。

小满节气一般在每年的5月21日前后，这个时间，正好是南海夏季风的爆发期。众所周知，我国是季风气候国家，夏季风代表高温、高湿、高能量。南海夏季风爆发时，我国的水汽量和降雨量都会上一个台阶，广东、广西开始进入降雨量最大的“龙舟水”阶段。可以说，小满节气和夏季风爆发、我国降水量的突增完美贴合。

小满之水

和小满密切相关的现象有两个，一是涨水，二是夏熟作物迅速成熟。其中，涨水是小满最突出的现象，也是最重要的表征。正如概述部分所说，小满的涨水和南海夏季风的爆发密切相关。每年5月中下旬，孟加拉湾、南海会突然吹起稳定的西南风，并涌上我国陆地。这种西南风的能量极为充沛，水汽也特别丰富，现代气象学上称之为“南海夏季风爆发”。

南海夏季风爆发前后，由于水汽疯狂涌入，变化剧烈，华南暴雨会急剧加大，往往伴有一场大范围的暴雨至大暴雨过程，而这场暴雨也会开启华南前汛期的第二阶段，民间俗称“龙舟水”。在2020年的小满节气前后，广东的特大暴雨如约而至，而且下了好几场，后面我们会详细介绍。

值得注意的是，虽然“龙舟水”是华南的专利，但小满节气前后，降水量增多并不是华南独有的。随着南海夏季风的爆发和北上，以及副热带高压的北抬，我国中东部的水汽明显增多，台湾省的梅雨，福建、江西、湖南、贵州的汛期也即将到来，长江流域、黄河流域的干热天气明显减少，降雨明显增多。由于夏季风携带的水汽和能量特别充沛，小满节气前后的强对流天气要比立夏时多得多。

此外，在印度洋气旋性风暴的影响下，小满节气前后，我国青藏高原常会出现大范围降雪天气，其中喜马拉雅山迎风坡还会出现暴雪。在西风带北收过程中，大西洋水汽也会在新疆的高山抬升，带来全年第一场比较明显的降水，和南海夏季风遥相呼应。

小满之风

小满的暴雨和涨水，和这个时候的风密切相关。概括来说，小满之风可以分为三个方面：夏季风、凉风和台风。

其中，南海夏季风在5月中下旬爆发，这是小满节气期间暴雨急剧增多、江河湖泊涨水的最重要因素。夏季风爆发期间，南海海域在几天内，风向突然大范围转为西南风，而且是温暖、潮湿的西南风，并且迅速北上攻入华南；与此同时，南海和华南上空5000米、10000米的高空变天，被“青藏高压”控制。因此，夏季风爆发是一个系统，爆发之后直到9月之前，西南风的风向都很难改变。

夏季风的爆发，意味着我国陆地上的北风势力式微，从这个时候到夏末，冷空气再也无法大举南下，也无力制造寒潮了。然而，“式微”不代表消失，这个时候的冷空气，会结合渤海、黄海的湿冷气团以及水汽云雨，搞一搞渗透，有时候也能到达华南沿海。一旦它们来到后与夏季节相遇，就会引发一场特别大的暴雨。

另外，小满节气前后是印度洋“台风”，也就是气旋性风暴的高发期。气旋性风暴向北登陆印度、孟加拉国或缅甸后，常常给青藏高原、云贵高原带去大范围的降雪或降雨，此外也会增加夏季风的输送，使华南、江南的降雨增强。太平洋台风在这个时间也开始活跃，偶尔会登陆我国。

小满之“气”

自小满节气起，气团对峙不再以冷、暖为界限，而是以干、湿为界限。从海洋来的是湿热气团，而从大陆来的基本上是干热气团。南海夏季风爆发，本质上就是极湿热的气团大举北上，进攻我国南方陆地。

不过，这个时候仍然有冷气团存在，它们的来源有两处：一是东西伯利亚，二是我国东部近海。东西伯利亚此时接收的太阳辐射还比较少，容易产生冷气团；而渤海、黄海和东海的水温还基本上在20℃以下，也容易产生冷气团。

小满升温

小满时，太阳直射点已超过北纬15度，来到我国西沙永兴岛附近海面，离我国陆地可以说是近在咫尺了。受到阳光的“青睐”，我国的气温持续上升，日照时间继续延长。不过，由于这段时期季风环流达到了临界点，夏季风爆发并涌入我国，所以南方的气温上升并没有那么猛烈，相比之下，湿度上升得更快一些。

因此，小满期间，夏天扩张得并不快，只是从南岭和武夷山一线慢慢来到长江边。但小满之后，夏天飞速北扩，一举跨过长江、淮河，来到黄河边。气象数据显示，南京、杭州、武汉、成都等地都在小满后不久入夏。而深受东海影响的上海，要到芒种节气前后才能进入夏天。

北方的温度上升更加迅猛。大家都知道，水汽含量不一样，大气的热容量就大不相同。干燥的北方在小满期间迅速升温，济南、郑州、石家庄等城市一过小满节气就迫不及待地进入夏天，比纬度更低的上海还要快。与此同时，干热气团经常从戈壁滩出发，乘着西南风吹向东北。内蒙古东部、辽宁和吉林的西部在小满期间经常出现气温30℃以上的炎热天气，昼夜温差非常大。

小满典型天气

极端暴雨

小满节气是华南等地暴雨的高峰时段。2020年5月20日起，华南、福建、台湾就遭遇了连续强降雨，有六个省级行政区遭遇了大暴雨。5月21日半夜到5月22日凌晨，在强大的西南季风作用下，广州东南部、增城，包括老城区在内的东莞北部遭到特大暴雨袭击，广州地铁13号线运营受到影响。

高原暴雪

小满节气前后，常常有印度洋热带气旋向北登陆，给青藏高原带来大范围降雪。如2020年5月20日前后，受印度洋气旋性风暴安攀的影响，水汽翻过喜马拉雅山进入青藏高原，在高山上制造台风雪，珠穆朗玛峰也在台风雪范围内，原定于5月22日登顶的我国珠峰测量队只得回撤躲避。

热带气旋

台风、飓风、气旋性风暴，是热带气旋在不同海洋区的不同名字，它们本质上是一样的。小满节气前后是印度洋气旋性风暴发生的高峰期，此外，西北太平洋和南海偶尔也能形成台风。2020年5月20日，特强气旋性风暴安攀在印度胡格利河河口地区登陆，大致相当于我国的强台风级别，它给西藏带去“台风雪”，随后让华南暴雨增大。2006年小满节气前后，强台风珍珠在我国广东饶平附近登陆。

第二部分

小满三候

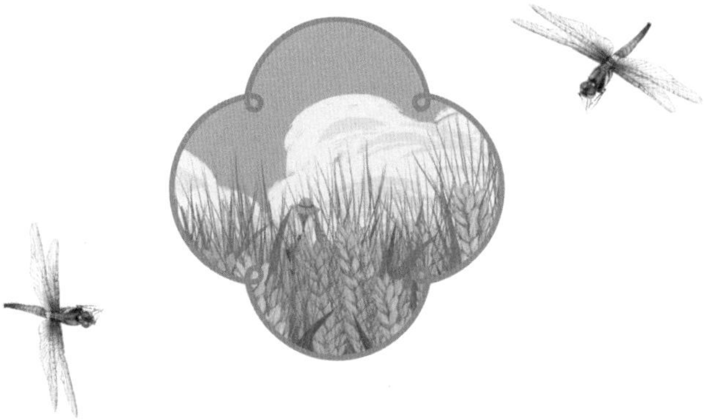

初候，苦菜秀。

二候，靡草死。

三候，麦秋至。

初候，苦菜秀。

“苦菜”在这里泛指喜阳的野菜。之所以说是“苦”，因为小满时夏收作物如小麦等，虽然开始灌浆，但毕竟还未成熟，是青黄不接之时，人们在缺粮时期只能食用这些味道不怎么好的野菜充饥。不管是味道还是处境，都有苦涩之感。“苦菜秀”描绘出了喜阳野菜疯长的初夏繁盛景象。

二候，靡草死。

靡草和苦菜相反，如果说苦菜泛指喜阳的野菜，那么靡草就是泛指那些根茎柔细、喜低温、喜阴暗的植物，如芫荽等。小满时期日照和水汽大幅增加，露点温度提升，喜阴植物受不了高温、高湿和强烈光照，成批死亡。这正是小满节气阳气旺盛、阳光热量不断增加的反应。

三候，麦秋至。

这里的“秋”是指成熟，“麦秋”就是指小麦成熟，而不是指季节或现代气象学意义上的秋季。小满节气时，小麦在灌浆期，颗粒正在逐渐饱满，成熟的季节越来越近了。但毕竟小满时小麦还未能收割，这时仍是粮食“青黄不接”的时期。在缺粮的古代，这段时间是比较艰苦的，所以才有了初候的“苦菜秀”。

第三部分

节气习俗

缫丝行

[宋] 范成大

小麦青青大麦黄，原头日出天色凉。
姑妇相呼有忙事，舍后煮茧门前香。
缫车嘈嘈似风雨，茧厚丝长无断缕。
今年那暇织绢著，明日西门卖丝去。

祭蚕神

传说小满这天是蚕神的生日，民间有祭祀蚕神的活动。“种桑养蚕”同“耕地种田”一样，都是我国古代传统社会里的大事。南方地区的养蚕业十分盛行，人们用蚕丝织衣保暖，制成各式的纺织品贩卖。然而，白白胖胖的蚕儿并不好“伺候”，为了使它们顺利成活，吐出更多的好丝，小满这天要向蚕神进献供品，还要用米面做成蚕茧的模样，放在稻草堆成的“蚕山”上。除了民间的祈蚕仪式，自西周开始，官方也表现出对养蚕的重视，这项任务就落在了皇后的身上，称为“亲蚕”。皇后亲力亲为，采摘桑叶、照看蚕宝宝、给蚕茧抽丝，为天下百姓做出表率。这样的待遇，可不是其他昆虫羡慕得来的。

祭车神

水车是我国一种古老的农业灌溉工具。相传水车出现在汉代，三国时期孔明对它进行了改造和完善，并成功在蜀国推广使用，后来逐渐成为全国普遍使用的灌溉农具，人们又称它为“孔明车”。水车可以将低处的水引到地势高的地方，这项发明对古代农业发展的贡献不言而喻。在古人看来，如此重要的水车一定也有神灵的庇佑，而这位车神就是龙王的儿子，一条大白龙。小满这天，农民们摆上鱼肉、美酒和香烛，在水车前祭拜车神。与其他祭祀仪式不同的是，水车前还要摆上一杯白水，祭祀时将水泼到农田里，寓意今年有足够的雨水满足庄稼生长的需要。

动三车

民间流传着一句谚语：“小满动三车，忙得不知他。”小满时节，有三辆车要启动工作了，分别是丝车、油车和水车。古话说：“小满乍来，蚕妇煮茧，治车缫丝，昼夜操作。”此时，蚕儿开始结茧，养蚕的农妇将蚕茧收集起来，通过摇动缫丝车将蚕丝从茧中抽出。在丝车昼夜运转的时候，油车坊里也一派忙碌景象。田里的油菜成熟了，人们抓紧时间收割、晾晒、脱粒，把菜籽拿到车坊里，用油车榨出菜籽油。热火朝天的干劲儿从缫丝坊、油车坊一路延续到河边。在有些地方，水车启动前要在河边举行“抢水”仪式。只听锣鼓号一响，数十辆水车被同时踏起，所有人都信心百倍，士气格外高涨。

小满会

旧时的“小满会”是让农民选购农具的集市。“过了小满会，安心过夏天。”要想活儿干得好，首先要备齐得心应手的工具。小满会当天，附近村镇的居民们从四面八方涌到集市上。这里的农具是出了名得齐全，杈、耙、扫帚、镰刀、麻绳……应有尽有，要是错过了，有些农具可就不容易买到了。男人们忙着选农具，女人们趁机挑选草帽、扇子、竹帘、席子等消暑用品。有的小满会还会请来当地的戏班子表演助兴，热闹程度堪比庙会。如今在河北、河南等地的乡村，每年依然保留着小满会的传统，农具的机械化使得集市上的主角变成了小吃和日用品，但是只要小满会还在，村民们就多了些年复一年生活的踏实感。

第四部分

花开时节

芍药

［唐］王贞白

芍药承春宠，何曾羡牡丹。
麦秋能几日，谷雨只微寒。
妒态风频起，娇妆露欲残。
芙蓉浣纱伴，长恨隔波澜。

芍药

“谷雨三朝看牡丹，立夏三照看芍药。”芍药的花期在5月到6月，又称“婪尾春”，即指开花在春末夏初之际。由于受到土壤等环境因素的影响，芍药呈现出白、粉、红等不同花色。芍药和牡丹可以说是一对“姐妹花”，常常被人相提并论。虽然芍药的栽培历史要早于牡丹，但由于牡丹开花时间更早，花朵更大，有一种傲视百花的张扬气势，深受唐代皇族权贵的推崇，芍药却只能落得“小牡丹”的称号。牡丹为“花王”，它为“花相”，总是跟在牡丹的后面，心中一定有万般委屈。不过到了唐末，芍药开始得到越来越多人的欣赏。“芍药承春宠，何曾羡牡丹。”王贞白的这句诗多少为芍药挽回了些面子。

忍冬

忍冬的别称格外多，把它们串联起来，差不多就能勾勒出它的形象和特点。忍冬是一种藤本植物，它的藤茎在冬天不会枯萎，老叶衰败后就会长出新叶，看似枝条柔弱，却不惧严寒，因此得名“忍冬”；因为藤茎只顺着向左的方向缠绕，故称“左缠藤”。忍冬的花期在每年的5月到8月，初开为白色，开久之后，变为黄色，人们给它起名“金银花”。最好听的名字要数“鹭鸶藤”，金代诗人段克己诗云：“有藤名鹭鸶，天生非人育。金花间银蕊，翠蔓自成簇。”它一蒂两花，犹如一对并肩的鸳鸯在风中双双起舞，又称“鸳鸯藤”。

暴马丁香

暴马丁香是木樨科丁香属灌木，花期在6月到7月，圆锥花序，花冠白色，芳香浓郁，是我国西部的佛教圣树。相传佛祖释迦牟尼在菩提树下顿悟成佛，但是菩提树只适合生长于热带、亚热带，于是，其他地区的佛教信徒就会寻找形似的树种，代替菩提树种于寺院中。在我国黄河流域和江南地区，有寺庙用银杏树、椴树、无患子树相替代；而位于青海湖附近的塔尔寺，则栽种暴马丁香。塔尔寺是西北地区藏传佛教的活动中心，在我国及东南亚享有盛名；又因青海湖古称“西海”，因此暴马丁香又称“西海菩提”。

第五部分

荒野上的粮仓

古时，人们经常面临粮食短缺的困境，小满时节正是苦菜遍地生长的时候。“春风吹，苦菜长，荒滩野地是粮仓。”人们念唱着这样的句子，感恩大自然馈赠这荒野上的粮仓，不起眼的苦菜帮助人们度过一年又一年的饥荒。

苦菜

苦夏，人们还要再吃些苦的食物，苦菜就是其中之一，颇有些“以毒攻毒”的味道。顾名思义，苦菜味道苦涩，但它的茎叶柔嫩多汁，可以食用充饥。古时，人们经常面临粮食短缺的困境，小满时节正是苦菜遍地生长的时候，田边、山坡、荒野随处可见。“春风吹，苦菜长，荒滩野地是粮仓。”人们念唱着这样的句子，感恩大自然馈赠这荒野上的粮仓，不起眼的苦菜帮助人们度过一年又一年的饥荒。慢慢地，民间就形成了“小满吃苦菜”的习俗。

苦菜是中国人最早食用的野菜之一，《诗经·唐风·采苓》中就有“采苦采苦，首阳之下”的诗句。采苦菜啊，采苦菜，寻到那首阳山下。苦菜在古代还叫作“荼”，《尔雅》中说：“荼，苦菜。”从“荼毒”这个词便可知，“荼”的苦味是多么让人难以忍受，甚至能与“毒”相提并论。苦菜还有较高的医用价值，李时珍在《本草纲目》中称它为“天香草”。

苦菜遍布全国，又称“苦苦菜”“苦麻菜”，各地有各地的吃法。西北宁夏等地的人们喜欢凉拌，将苦菜放入锅中焯水，放冷后加入盐、醋、辣油等作料拌匀。在其他一些地方，苦菜中的苦汁被滗出后，可用作包子、饺子的馅料；还有的地方用黄米汤腌制苦菜，腌好的苦菜变为金黄色，口感酸甜。生活再苦，吃上不能马虎。在这片土地上，勤劳、乐观的人民让这古老的食材生出甜意，苦尽甘来。

捻捻转儿

小满时节，麦子灌浆乳熟，籽粒开始变得饱满，但未完全成熟，还可以挤压出白色的米浆。麦子在麦秆上做最后的努力，只等干热风过去，芒种时节便可收割一片片金黄的麦田了。在将满未满的小满节气里，民间有一种独特的节令食品——捻捻转儿。

捻捻转儿的制作过程和它的名字格外贴切。人们收割一些刚刚硬粒、还稍微有些软的大麦麦穗，搓去麦壳，用簸箕分离出麦粒，下锅炒熟，接下来就要上石磨了。石磨由两扇磨盘、磨眼儿和杠孔组成，杠孔里插着一根木棍。将麦粒倒入石磨上方的磨眼儿里，两三个人推动木棍，随着石磨一圈圈转动，寸长的青绿色“面条”从磨缝里旋转碾出。只需一会儿工夫，石磨四周便散发出清新的麦香味儿。人们把散落的捻捻转儿收集起来，为它搭配符合心意的口味，黄瓜丝、蒜苗、麻酱汁、蒜末、辣椒、荆芥……都是调制酱料的好原料。

捻捻转儿是时节性很强的食物，麦子如果太嫩，籽粒就不够饱满；麦子如果太老，籽粒没有韧劲，嚼起来不够筋道。小满节气的麦子将熟未熟，是做捻捻转儿的最佳时节。正因如此，捻捻转儿的知名度，并不像四季都能吃到的食物那样高。

说起来，捻捻转儿最初并不是因美味而被制作。同吃苦菜一样，旧时穷苦人家遇到青黄不接的时节，只能忍痛将还未熟透的麦子割下来填饱肚子，以解燃眉之急。但同时，作为谐音，捻捻转儿被赋予了“年年赚”的吉祥寓意。有了捻捻转儿，荒年变得“青黄相接”，来年也充满了希望。

芒种

泽草所生，种之芒种。

第一部分

气象特征

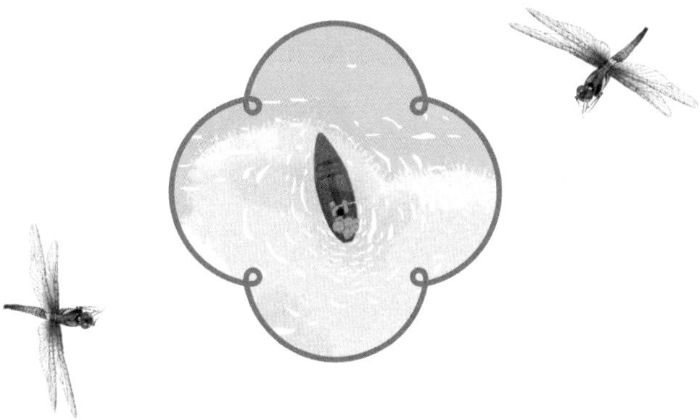

芒种是二十四节气中直接用农耕时机命名的节气。顾名思义，芒种节气时，南方应该种植带芒作物，如水稻等；而北方应该收割夏熟作物，如小麦等。

一般年份，芒种在6月6日前后。陆游有诗云：“时雨及芒种，四野皆插秧。家家麦饭美，处处菱歌长。”正是说明了芒种节气期间，应该收获什么，应该种植什么。

和小满相比，芒种可以说是“温湿齐升”，不管是温度和湿度，还是日照和降水，都在迅猛增加，主雨带从华南向北扩展，江南梅雨初现端倪；夏天在向北飞奔，关内平原尽是夏景。正是因为这个时令变化，芒种是夏种作物播种的最佳时间，也是夏熟作物收获的最佳时间。

芒种烈日

芒种时，太阳直射点已越过三亚市，可以说来到我国陆地上了，距离“火力全开”只差15天。因此，芒种时的阳光既热烈，又处在上升期，无论南北都格外“火爆”，此时出门需要提防晒伤。尤其是在云南和四川的干热河谷，新疆、内蒙古、甘肃的戈壁荒滩，阳光更为强烈。

芒种时，全国各地的日照时长都超过12个小时，而北方的日照时间比南方更长。以2020年为例，芒种时哈尔滨的日照时间达到了15.5个小时，而海口的日照时间只有13个小时，两者相差两个多小时。并且由于北方大陆性气候更明显，空气更加干燥，所以升温往往比南方更剧烈。

芒种之风

芒种时，南海夏季风达到全年的第一个高峰。南海夏季风，就是特别湿热的西南风，从南海、孟加拉湾吹向华南和云南陆地。夏季风里的水汽被榨干后，来到江南、江汉和江淮地区，就变成了干燥、温暖的风。而在北方，干热气团从塔里木盆地出发，一路向东，越吹越热，常常在陕西、山西、河南、山东和京津冀吹出“干热风”。

虽然芒种时的北风已经很少了，但在两种情况下还是会吹北风：一种是西伯利亚冷涡南下时，新疆、内蒙古和东北三省会吹西北风或偏北风；还有一种情况是，当东北风被冷涡控制后，冷空气顺势南下，经过日本海、黄海、渤海，以东偏北风的形式吹向华北平原和江浙沪。

芒种之雨

龙舟水

所谓“龙舟水暴雨”，是南海夏季风爆发后，由季风水汽主导的暴雨，一般出现在5月底和6月初，也就是芒种节气前后的副热带高压北侧边缘，广西、广东、福建、湖南和江西南部基本上每年都会出现。因为有夏季风亲自参与，龙舟水暴雨的最大特点就是水汽特别足，雨势当然也会特别大。另外，由于冷空气参与不多，所以龙舟水暴雨多发生在沿海地区以及山脉的迎风坡。

梅雨

远在现代科学还没诞生时，老祖宗就留下了“梅雨”的概念。梅雨是对雨的感性认识，在每年春夏之交，梅子黄熟前后，江左的雨淅淅沥沥下个不停，所以得名“梅雨”。如今科学发达了，现代人用理性和定量的方法来界定梅雨，于是就有了“入梅”和“出梅”的标准。按照此标准，芒种节气前后，正是江南梅雨开始之时。

北方降雨

芒种节气前后，我国有两条雨带：一是华南、江南中南部的龙舟水，外加江南东部刚刚出现的梅雨；二是东北和华北北部的雨带，一般由冷涡甩下来的冷空气和暖湿气流汇合形成。如果水汽不太足，一般就是散点状的冷涡雷雨；如果水汽足够多，就有可能形成冷锋或者气旋，从而形成雨带。

芒种气团

受烈日烘烤，芒种时暖气团占绝对主导。区别就在于，占主导的是大陆暖气团，还是海洋暖气团。如果按湿度性质来说，主导气团就是大陆干暖气团和海洋湿暖气团两种。和之前的节气一样，大陆干暖气团从西南的崇山峻岭、西北的戈壁荒滩出发，自西向东影响中东部地区；而海洋暖湿气团暂时还是影响华南、福建和台湾等地区。

其中，西北干热气团的势力最大，向东传播最为剧烈，所以芒种节气期间，有时候我国会出现“温度倒挂”的现象，也就是北方的气温可能比南方更高。另外，鄂霍次克海、日本海、渤海、黄海的气流偶尔也会吹进我国陆地，这就是芒种时难得一见的湿冷气团。

芒种温度

在大陆干暖气团和海洋湿暖气团的影响下，芒种时夏天在我国飞奔向北，随着上海、天津等沿海城市相继入夏，现代气象学意义上的夏天已经覆盖长城以南的大部分地区。这不光是暖气团的功劳，更主要的原因仍然是太阳直射点的北移。芒种前后，太阳直射点已在我国三亚以北，全国各地的日照时间都已超过黑夜时间，接收到的热量也越来越多。

不过，俗话说得好，“吃了端午粽，还要冻三冻”。端午节一般在芒种节气前后，此时偶然会有冷空气从日本海、黄海方向吹来。这些海域的海温都特别低，吹到陆地会带来些许清凉。如果正好赶上下雨，那就要“冻三冻”了。如果是这个原因导致下雨，那么华南都要降温。

芒种典型天气

江南梅雨

从2020年6月2日起，夏季风水汽在江南和华南北部，与出川的低涡切变雨带结合，形成横贯江南的梅雨带（在华南北部叫作“华南龙舟水雨带”）。由于副热带高压的位置比较稳定，梅雨带长时间维持在江南和华南北部。比如，湖南、江西和桂北等地的强降水一波接着一波，一直持续到6号；贵州南部、湖南、江西、安徽南部和浙江北部成为本次降雨的重点地区，过程累计雨量达200毫米～500毫米。

北方干热高温

2020年6月4日，在大陆干热气团的影响下，我国北方出现了大范围高温天气。此次高温区以河南为中心，蔓延到山东、河北、山西、陕西，以及湖北、安徽和江苏北部。高温区内，气温普遍达到35℃以上；在黄河和淮河之间，例如江苏徐州，气温达到了38℃。而河南和山东的高温更厉害，从河南济源到山东梁山，出现了一条气温极高、湿度极低的“烧烤高温带”，这条高温带上普遍出现了40℃高温，其中河南焦作的最高气温达41.8℃。

华南龙舟水暴雨

2020年6月6日，江南梅雨带南压到华南后，广东珠江三角洲出现强烈的暴雨。其中珠海、澳门、香港的闪电极为密集，在频繁的雷暴中，香港局地观测到1小时100毫米以上的超级暴雨。这一波华南龙舟水暴雨，和小满时的暴雨量级不相上下，但冰雹更少，雷电更多。

第二部分

芒种三候

初候，螳螂生。

二候，鵙始鸣。

三候，反舌无声。

初候，螳螂生。

螳螂是刀螂的学名，属肉食性昆虫。螳螂出生需要两个条件：一是温度和湿度要高，二是食物要丰富充沛。螳螂生，一方面说明芒种时的热量比小满时更高了；另外一方面说明，处于螳螂食物链下方的昆虫都已出来活动，此时是生命力繁盛的时节。

二候，䴗始鸣。

䴗，就是喜阴的伯劳鸟，《本草》里称这种鸟为“博劳”。三国曹植在《令禽恶鸟论》里写道，伯劳鸟在农历五月开始叫唤，声音“䴗䴗然”，因而得名“䴗”。

三候，反舌无声。

“反舌”就是百舌鸟，因为它能够学其他鸟鸣叫，所以得名。据古籍记载，这种鸟在感应到一点阴气时就会停止发声，而芒种节气，正好是热量达到临界点的一个节气，阴气要开始滋长了。在芒种来临之际，百舌鸟停止发声，这其实和“螳螂生”“鵙始鸣”表达的意思相近，只是同一个事情的不同描述方式。

第三部分

节气习俗

竞渡诗

[唐] 卢肇

石溪久住思端午，馆驿楼前看发机。
鼙鼓动时雷隐隐，兽头凌处雪微微。
冲波突出人齐譀，跃浪争先鸟退飞。
向道是龙刚不信，果然夺得锦标归。

端午节

芒种节气中常常会有一个重要的传统节日——端午节。端午节又名端阳节、五月节、龙舟节，我们都知道它与战国末期楚国的诗人屈原有关，许多习俗也都由此而发。如屈原投江后，楚国人划船去救，一直追赶到洞庭湖。后人就用赛龙舟表达对屈原的纪念。疾速前进的龙舟象征人们救屈原时的急迫心情，锣鼓齐鸣是为了吓退水中的蛟龙，让它远离屈原的身体。除此之外，初夏时节容易滋生病菌，旧时人们不知道生病的真正原因，就采用其他方式护佑安宁。比如，端午民间有“戴艾虎”的习俗，用彩纸剪出猛虎形状，贴上艾叶，佩戴在身上；或者用雄黄酒在小孩的额头上画一个“王”字，意在借助辟邪神兽老虎的力量，让“妖魔鬼怪”不敢靠近。

送花神

在农历二月“花朝节”，人们为百花庆祝生日，迎接花神降临人间；如今到了芒种时节，早春的很多花已败落凋零，倘若此时默不作声，对比迎花神时的欢天喜地，实在是有失礼数；更何况，大家还期盼着来年花神的如约而至呢。因此，在芒种这天，民间要举行盛大的“送花神”活动和祭祀花神的仪式，感谢她们曾展露出婀娜的“身姿”。此番情景，在《红楼梦》中就有描述，大观园的女孩们用浪漫的方式为花神饯行：“或用花瓣柳枝编成轿马的，或用绫锦纱罗叠成干旄旌幢的，都用彩线系了，每一棵树上，每一枝花上，都系了这些物事。满园里绣带飘摇，花枝招展，更兼这些人打扮得桃羞杏让，燕妒莺惭，一时也道不尽。”

打泥巴仗

打泥巴仗可不是孩子的专属游戏，它还可以成为一个节日。贵州东南部一带的侗族，在芒种时就要过“打泥巴仗节”。芒种前后是栽秧苗的时节，新婚夫妇各自邀请要好的朋友，一起到田里插秧。插秧时还要进行比赛，小伙子们和姑娘们分成两队，看哪队插得又快又好。劳作结束后，泥巴仗就要开战了。大家从地上抓起一把泥巴，来不及攥成球，就赶紧投向对方。所有人仿佛回到了久违的童年，玩得酣畅淋漓，不仅不嫌脏，还期待着自己身上多些泥巴，因为谁身上的泥巴最多，就代表谁最受大家的喜爱。

安苗

芒种安苗是安徽皖南地区的习俗，始自明代初期，是一个与土地耕作相关的祭祀仪式。芒种时，水稻已完成栽种，当地农民举行安苗祭祀活动，以祈求秋天能获得丰收。祭祀时的供品很是特别，各家各户先将刚收割的新麦磨成麦面，和成面团，然后派出家中手最巧的那位，把面团捏成瓜果蔬菜、谷物杂粮以及牛、羊、鸡等形象，用蔬菜汁染上颜色后，上锅蒸熟。这些造型各异的供品，表达了人们期待五谷丰登、六畜兴旺的愿望。

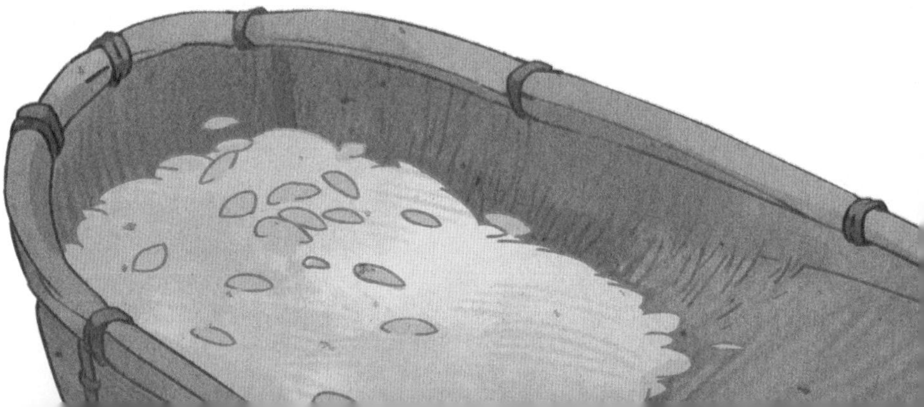

第四部分

花开时节

栀子花诗

［明］沈周

雪魄冰花凉气清，曲栏深处艳精神。
一钩新月风牵影，暗送娇香入画庭。

虞美人

虞美人的花期在3月到8月。把花比作美人是常见的事，但“虞美人”专属西楚霸王项羽的爱妃虞姬。楚汉战争中，项羽兵败，被汉军围困于垓下。入夜，从刘邦的军营中传来凄婉的楚歌，项羽的士兵们听后彻底丧失了斗志，很多人弃阵而逃。面对大势已去，项羽借酒悲歌，侍从们也都潸然泪下。身旁的虞姬和歌起舞，她此时已下定决心，为不拖累项羽要与他永诀了。“汉兵已略地，四方楚歌声，大王意气尽，贱妾何聊生？”虞姬唱罢便拔剑自刎。她倒下的地方被鲜血所染，那里生出一种浓艳的红色花朵，全然绽放的花瓣，犹如虞姬起舞旋转时的裙摆，人们称这种花为“虞美人”。

栀子

栀子是我国的传统花木，早在齐梁时期，已有关于栀子的文献记载。古人最早称它为“卮子”，这是因为栀子结出的果实，形状与古代的酒杯相似，而酒杯古时被称为“卮”。栀子是一种常绿灌木，旧叶刚见枯黄，新叶便已长出了；花期在5月到7月，花朵生得玉白而精致，每朵花仿佛都经过细心雕琢，绝不随意绽放，香气更是沁人心脾，有人将它与白兰、茉莉合称“香花三绝”。古时的江南，在端午节前夕，街上便可听到卖栀子花的吆喝声，女孩儿们喜欢买来随身携带。野生的山栀子果实还可作为染料使用。

萱草

“杜康能散闷，萱草解忘忧。”白居易称萱草可以解忧，不是没有道理的。萱草在古代又称为“谖草”，“谖”的意思就是忘记。萱草的花期在5月到7月，花开六瓣，在每片花瓣的中间，都被描画上一笔淡黄色的线条。萱草的花很大，花瓣顶端向后卷曲着，毫无保留地展露出花心，人们形容它宛如笑靥。轻风吹过时，花朵在长长的茎上左摇右摆，仿佛听到了什么开心事。萱草的花是橘黄色，这是一种温暖的颜色，使人想到晚归时的寒冷夜晚，远远望见家里温暖的灯光。古人把萱草认作“母亲花”，或许是因为母亲常常帮助我们化解生活中的忧愁。

第五部分

青梅煮酒

芒种时节恰逢江南梅子成熟，很多地方都有煮梅的习俗。在青梅制成的众多美食中，数青梅酒最富豪情。《三国演义》中，曹操以青梅煮酒邀刘备，与他共论天下英雄，此等豪情壮志令无数人向往，不免也醉心于一壶青梅酒。邀上志同道合的友人或惺惺相惜的对手，共饮青梅酒，畅谈天下事，领略曹公的气度与胸襟。

青梅

芒种时节恰逢江南梅子成熟，很多地方都有煮梅的习俗。新鲜的梅子是青色的，也就是我们常说的青梅。青梅味道又酸又涩，很少有人能直接入口。可是青梅独特的天然酸实在诱人，对于讲究饮食的中国人来说自然不肯舍弃，于是，把酸味转化为可口滋味的方法层出不穷，这个过程就是煮梅。

青梅上市时间很短，稍不留意，青梅就变成了黄梅。鲜青梅适合做成脆梅、青梅酒、盐渍青梅；熟透的黄梅可以制成话梅、梅子酱。如果你有耐心，不妨熬制一罐青梅露，把洗净的青梅放入玻璃罐中，每码放一层青梅，就撒一层白砂糖，盖好盖子，放置十五天以上即可。一勺青梅露，加水冲饮，酸酸甜甜，可以慢慢喝很久，夏季冰镇后味道就更绝了。

在青梅制成的众多美食中，数青梅酒最富豪情。《三国演义》中，曹操以青梅煮酒邀刘备，与他共论天下英雄。什么是英雄？曹操认为：“夫英雄者，胸怀大志，腹有良谋，有包藏宇宙之机，吞吐天地之志者也。”并对刘备说：“天下英雄，唯使君与操耳。”此等豪情壮志令无数人向往，不免也醉心于一壶青梅酒。邀上志同道合的友人或惺惺相惜的对手，共饮青梅酒，畅谈天下事，领略曹公的气度与胸襟。

青梅在古代是酒桌上常见的佐酒之物，有帮助醒酒的作用。北宋词人周邦彦写有“相将见、脆丸荐酒，人正在、空江烟浪里”的词句。“脆丸”指的就是青梅。词人想到当青梅成熟可佐酒时，自己却正漂泊在空荡荡的江面上，不禁暗自忧愁感伤。

粽子

粽子是端午节最受欢迎的传统节令食品，千百年来盛行不衰。提起粽子，我们总会想到屈原，这个传说源自《续齐谐记》:“屈原以五月五日投汨罗而死，楚人哀之，每至此日以竹筒贮米投水祭之。”有一日，屈原突然显灵，他告诉人们，投入江中的粽米常常被水中的蛟龙抢走，倘若再投粽米，可用楝树叶包住，用五彩线捆好，因为这两样东西都是蛟龙所惧怕的。世人听从屈原的建议，此方法世代相传，就是如今粽子的模样。

富有传奇色彩的传说延续着汨罗江畔的遗风，然而，传说终究不能当真。事实上，粽子源于春秋时期用于祭祀的“角黍”，用菰叶将黍米包裹成牛角的形状，代表牲礼为牛。同时期还出现了“筒粽”，就是将糯米盛装在竹筒中烤熟。

晋代时，粽子已被正式认定为端午节食品。唐宋时，出现了很多别出心裁的粽子形态，菱粽、锤粽、锥粽……有一种外部缠着许多漂亮丝线和草索的“百索粽”，深得长安百姓的喜爱。此外还有“九子粽”，九个粽子穿成一串，越往下越大，形状像宝塔，是赠送亲友的上佳礼物。唐玄宗李隆基曾作诗赞叹：“四时花竞巧，九子粽争新。”

现如今，粽子的种类琳琅满目，举不胜举。小小的粽子里蕴含着各地的历史文化，包裹着中华饮食文化中的精气神。

夏至

日长之至，日影短至，至者，极也。

第一部分

气象特征

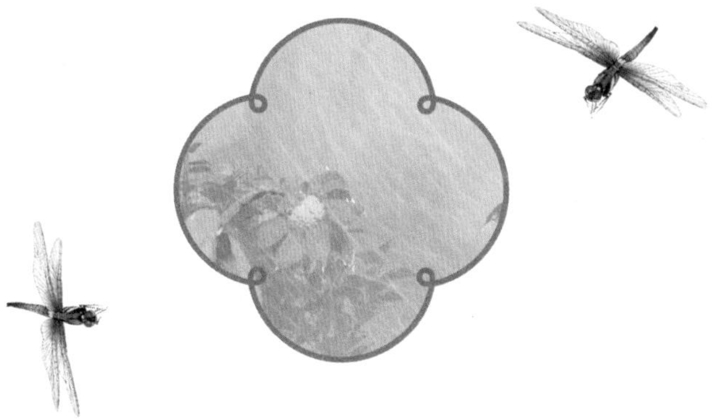

古人云："日北至，日长之至，日影短至，故曰夏至。"可见，夏至的"至"，并不是"到"的意思，而是"极致"的意思。夏至，就是天文意义上夏天的极致。

夏至一般在每年的 6 月 21 日或 22 日。这一天，太阳直射点在北回归线，也就是我国云南、广西、广东、福建和台湾一线，我国各地接收的太阳辐射为一年最多，日照时间为一年最长。

当然，夏至的"至"只是天文学上的极致。由于海陆热力性质差异，夏至之后，我国大部分地区的陆地气温还将继续上升。因此，夏至不是最热的，之后还有小暑和大暑。从这个意义上说，夏至的"至"也可以理解为盛夏的到来。从夏至起，我国将进入一年之中最热的时段，直到大暑。

夏至的季节变换

夏至节气到来时，气象学意义上的夏天已经突破玉门关，冲出塞外，全国只有东北三省中北部和青藏高原还是春天。所以说，夏至是盛夏到来的节气，也是小暑、大暑到来之前的预告性节气。它告诉我们，在夏至之后，全国就将迎来一年当中雨量最充沛、热量最充足的盛夏。

不过，不管是以均温为标准，还是以日最高气温为标准，夏至都不是气温最高的节气。在6月下旬，虽然除青藏高原外，全国各地都出现气温30℃以上的炎热天气，大部分地区可以出现35℃左右的高温天气，但还没到最热的时候。不管是华北平原，还是长江流域，甚至是新疆腹地，最热的时候一般在7月下旬或者8月上旬。

夏至时，除青藏高原和其他高海拔地区外，全国最清凉的地方当属环渤海沿海区域。因为海陆热力性质差异，夏至时渤海的水温还相当凉，只有20℃上下。受渤海影响，其周边的沿海地区清爽宜人，适合前往避暑。

日照之巅

夏至其实就是阳光的极致，一是日照时间的极致，二是太阳高度的极致。原因很简单，夏至时太阳直射点已经来到一年之中的最北端，进入我国大陆，横贯五个省级行政区。除海南等地外，全国各地在夏至当天接收到的热量是最多的，日照时间是最长的，如哈尔滨的日照时间可达16个小时左右，南京可达14个小时，海口则只有13个小时。国内昼长均大于夜长，而且越往北昼越长。在北极点，甚至会出现极昼现象。

夏至的充沛日照，以及常见的透明度极高的空气，会带来两个结果：一是晴天时气温会急速上升，容易出现高温天气；二是人们出门时，不管是在中东部平原地区，还是西部高海拔地区，都容易灼伤皮肤、眼睛等，需要戴上草帽、纱巾或墨镜出行。毕竟，夏至的烈日是一年之中最强烈的，暴露在这样的阳光下，的确容易受到伤害。

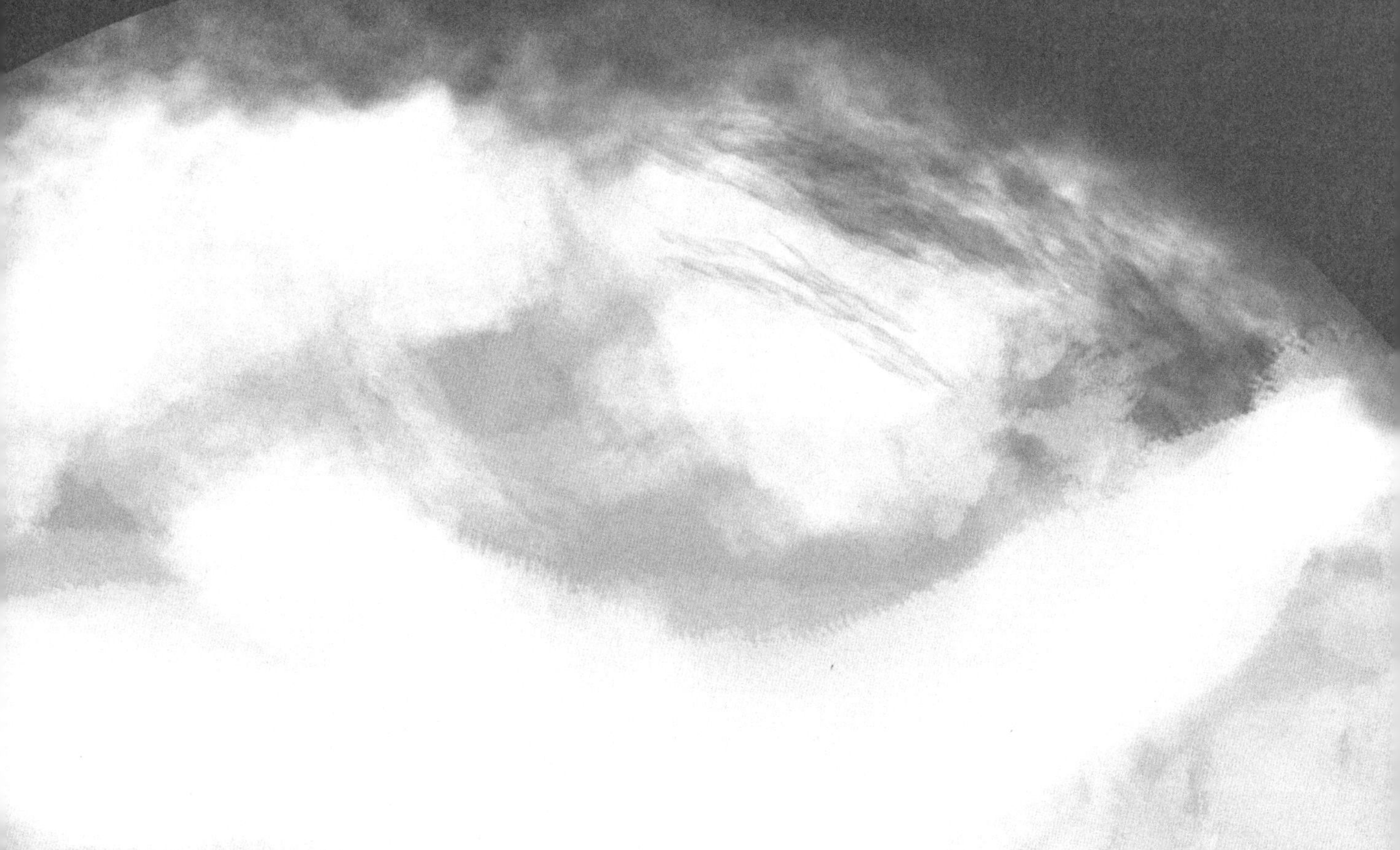

夏至气团

夏至时，冷气团已经彻底退出我国，我国陆地上全部是暖气团了。但是在暖气团内部，也会有一些区分。其中，温度最高的是西北的大陆干热气团，因为随着印度洋夏季风的爆发，云贵一带开始下雨，干热气团无处躲藏。和大陆干热气团相比，西南季风气团的温度可能略低些，但能量大于大陆干热气团，因为它们携带充足的水汽，湿度非常高。

除此之外，还有一种东南季风气团，虽然水汽也很多，但比西南季风气团要凉快些。这种气团又分两种，一种是从高纬度海洋如东海、黄海、渤海或者日本海来的气团，它们的温度往往在22℃以下，清凉且相对干爽；另一种是从低纬度太平洋上来的气团，它们含的水汽特别丰富，往往形成对流云团甚至台风。

夏季风

和小满、芒种相比，夏至之风无疑温度更高，水汽含量更为丰富，能量更为充沛，达到一年之中第一个鼎盛状态，不仅爆发于南海的夏季风加强，印度洋的夏季风也在夏至之前爆发。

当印度洋夏季风经过云南时，云贵高原的雨季全面开始；当两股夏季风交汇于华南时，龙舟水加强；当它们交汇于福建和台湾时，福建汛期、台湾梅雨启动并加强；而当它们交汇于长江流域时，江南和沿江地区的梅雨进入一年之中最强的时段。

夏至台风

当印度洋的夏季风运行到南海、菲律宾以东海面时，它们会和东北信风交汇，条件合适的时候会在热带洋面上形成强大的风暴，这就是台风，学名为“热带气旋”。在西北太平洋，一年四季均可产生台风。

台风最活跃的季节就从夏至开始，直到9月末。夏至起，西北太平洋平均5天至7天就能生成一个台风。夏至前后，台风有可能登陆我国，成为我国气候平均意义上的“首台”。

夏至狂雨

夏至时的雨，已经绝无温柔之意了，挟多股季风的丰富水汽和大量能量之威，无论在南方还是北方，都显得非常暴烈。

在华南，龙舟水和台风雨轮番上阵，暴雨屡见不鲜，不过因为副热带高压的北上，总雨量少了很多。在江南，随着季风的迅速推进，“疯梅雨”开始在长江以南和长江沿线现身，大暴雨甚至特大暴雨在长江流域首次出现。在北方，在季风和冷涡甩下来的高空冷空气作用下，常常出现飑线、冰雹、雷雨大风、龙卷风等强对流天气。

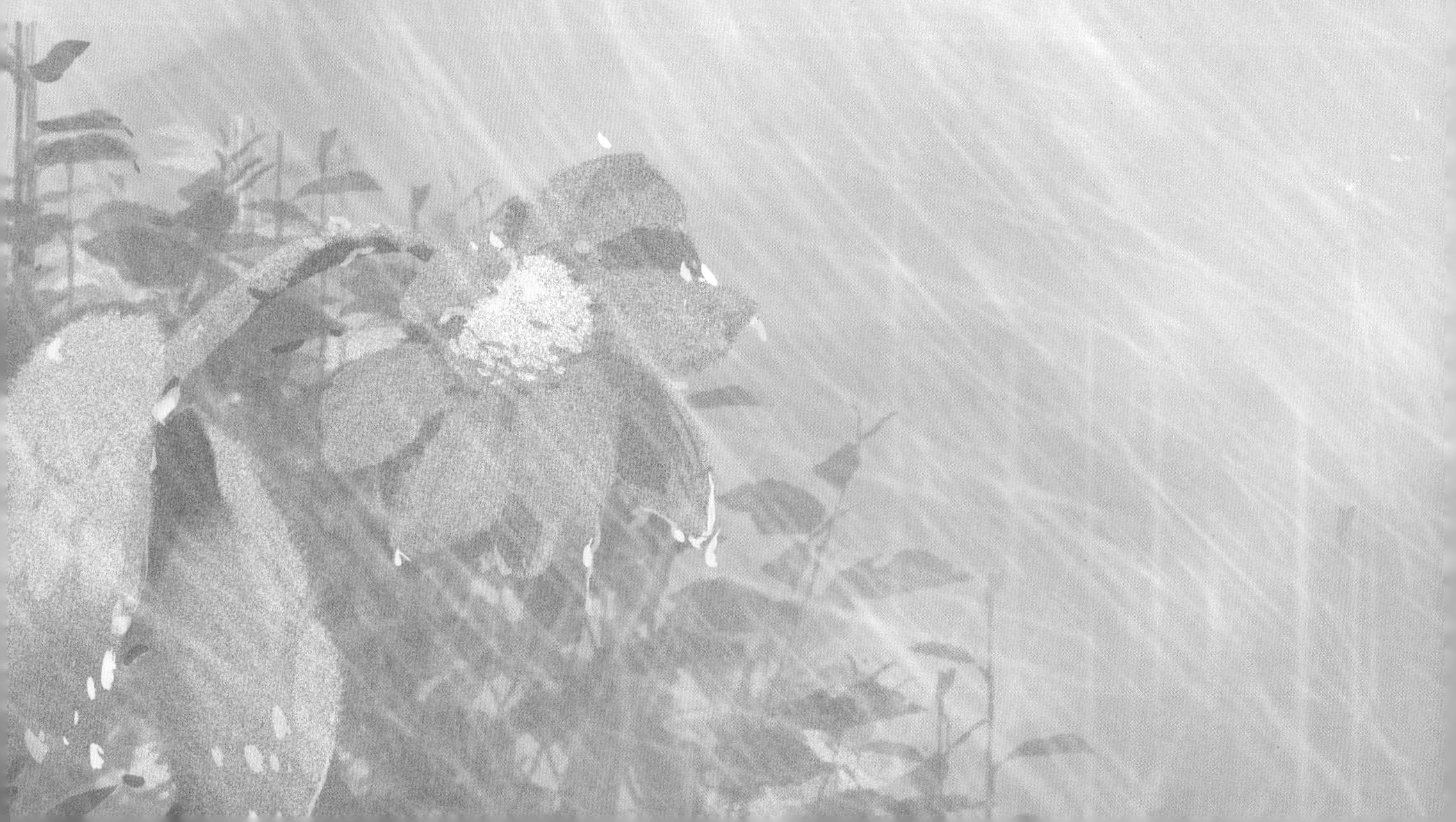

夏至典型天气

疯梅雨

2020年6月21日起，一轮强烈的梅雨袭击长江流域。这次梅雨的中心在长江中游的湖北、湖南，以及西南的贵州，5天的总雨量超过400毫米，可以称得上“疯梅雨”。其中，贵州多地出现大暴雨，惠水站日降水突破200毫米。在它的作用下，重庆、贵州、广西北部雨水明显偏多，流经贵州和重庆的綦江、乌江发生了洪水，部分水文站两天之内涨水10米以上。

强对流

2020年6月24日，在冷涡的影响下，内蒙古锡林浩特市附近出现龙卷风，为当地少见的强对流天气。6月26日，同样是在冷涡的影响下，京津冀地区出现了雷雨大风、冰雹等恶劣天气，阵风接近14级，欲赶超台风。虽然这次的冰雹颗粒不大，但极为密集，落地之后大量堆积，会有局部“积雪”的效果，并导致剧烈降温。

初台风

夏至节气前后的6月中旬和下旬，是每年台风首次登陆我国的平均时间。如2020年6月中旬，2号台风鹦鹉在阳江沿海登陆，中心最低气压约1000百帕，是热带低压或热带风暴的强度。由于强度不大，台风鹦鹉仅给阳江和珠江三角洲地区带去平缓的阵风和细雨，还缓解了广东的旱情，总体来说是一个好台风。

第二部分

夏至三候

初候，鹿角解。

二候，蜩始鸣。

三候，半夏生。

初候，鹿角解。

在我国古人的经验中，鹿是一种对气温、湿度等气候变化非常灵敏的动物。人们发现在夏至前后，鹿角会出现脱落的现象。因此，古人把鹿编入七十二候，把鹿角脱落作为夏至三候的第一候，也是夏至来临的象征。需要注意的是，鹿角脱落不代表凋零、结束，而是代表生长和新的开始。

二候，蜩始鸣。

蜩，就是大而黑的蝉，也就是人们常说的知了。知了也是对季节变化特别敏感的动物，到了温度和湿度特别高的时候，它们会发出很大的声音。因此，蝉鸣是阳气盛的标志，是盛夏的象征。

三候，半夏生。

半夏是多年生草本植物，一般在肥沃的沙质土地上生长，我国南北方均有分布。半夏的含义再明确不过了，意为在夏天过半时生长。

第三部分

节气习俗

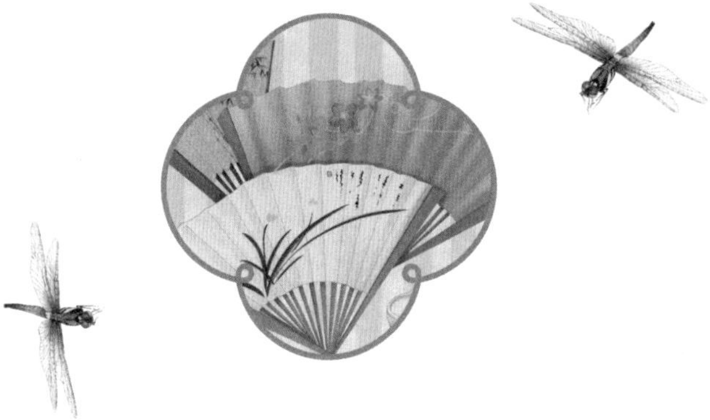

夏至避暑北池

［唐］韦应物

昼晷已云极，宵漏自此长。
未及施政教，所忧变炎凉。
公门日多暇，是月农稍忙。
高居念田里，苦热安可当。
亭午息群物，独游爱方塘。
门闭阴寂寂，城高树苍苍。
绿筠尚含粉，圆荷始散芳。
于焉洒烦抱，可以对华觞。

祭地

在介绍春分习俗时我们已经提到，早在周代，古代帝王就要在春分祭日，秋分祭月，冬至祭天，夏至祭地。根据《周礼》中的记载，夏至祭地，目的在于使国家不受饥荒之苦，百姓免于瘟疫的威胁。明代和清代，皇帝在夏至这天率百官到地坛举行祭地仪式，也就是现今北京的地坛公园。《周礼》中说：“夏至日祭地祇于泽中方丘。”“方丘”指的是方形的祭坛，“泽”指有水的地方，地坛中的主要祭祀场所就取名“方泽坛”。方泽坛四周修有储水渠，西南外侧有石雕龙头，供祭地时注水使用。

消夏避伏

夏至在古代是一个消夏避伏的节日，称为“夏至节”，上到宫廷下到民间，都想尽各种办法来避暑。在皇宫内，夏至过后，冬天储藏的冰块就会从冰窖里取出来，供皇室成员度过炎炎夏日。宋时，文武百官自夏至日起放假三天，在家里躲暑气，养足精神再工作。在民间，相熟的妇女们在夏至这天互相赠送折扇、胭脂、香囊等什物。唐代《酉阳杂俎·礼异》中说：“夏至日，进扇及粉脂囊，皆有辞。”扇子可以扇风，使人有凉爽之感；涂抹胭脂有助于吸汗散热，防止生痱子。

观极光

夏至时节，大量游客来到黑龙江漠河县，观赏难得一见的天文奇观——北极光。因为地磁场的作用，极光多出现在高纬度地区，而漠河县是我国纬度最高的县。夏至前后的九天里，最容易观测到极光。赏极光是漠河人的传统习俗，人们通常在黑龙江边点起篝火，等待北极光的出现。其实，中国人观测极光已有两千多年的历史了，神秘绚丽的极光曾引发古人无限的遐想。

戴枣花

民谚说：“脚麻脚麻，头上戴朵枣花。”在夏至日，一些地区的女子头戴枣花，据说可以预防和治疗腿脚上的小毛病。这种说法自然不可信，但枣花的美丽却是真实的。枣花盛开在每年的5月到7月，小小的五角形，颜色是晶莹的嫩黄，三三两两地簇生在叶蒂间。折下一枝插在头上，好似天上的星星洒落发间。苏轼曾作有一首词《浣溪沙》：“簌簌衣巾落枣花，村南村北响缫车，牛衣古柳卖黄瓜。”簌簌落在衣襟上的枣花、远处不停转动的缫车、坐在柳树下卖黄瓜的农夫，共同组成了一幅夏日乡村生活图景。

第四部分

花开时节

绣球

［宋］杨巽斋

纷纷红紫竞芳菲，争似团酥越样奇。
料想花神闲戏击，随风吹起坠繁枝。

百合

中国是百合的故乡，自东汉起就有人工栽培百合花的记载，当时人们并不是为了观赏，而是为了它的药用和食用价值。百合是多年生草本球根植物，许多白色的鳞片一层包一层地叠合在一起，形成了它的球根，古人夸张地称其鳞片数量过百，为它取名“百合”，寓意“百年好合”。百合的球根中富含淀粉，可以一瓣一瓣取下后炒着吃。百合的花很大，花期在6月到8月，有淡淡的香气，端庄大方。

八仙花

八仙花就是我们常说的绣球，花期在6月到8月，花朵密集，刚开放时是白色，渐渐变为粉红色或淡蓝色。“八仙花”这个名字来自八仙的传说。有一天，八仙飞越东海上空时，被东海龙王的七太子看见了。七太子被何仙姑的美貌所吸引，趁其不备，掀起狂风大浪将她掳到龙宫。八仙中的其他神仙紧追不舍，各自手持法宝显起神通，搅得龙宫地动山摇。龙王慑于七仙的威力，亲自绑了七太子，用龙轿送何仙姑出海，并赠予绝美鲜花谢罪。八仙回去后将花种在大地上，开出无数团团相簇的四瓣小花，形状犹如姑娘们选亲时抛出的绣球。由于此花由八仙带回，人们就称它“八仙花”。

蜀葵

蜀葵是一种高草本植物，茎干十分笔挺，高度能达到一个成年人的身高。花朵单瓣或重瓣，花期在6月到8月，花色多样，常见的有红、黄、白、紫、粉等。蜀葵的花会随着茎干向上生长而不断开花，由于单朵花开放的时间不长，因此会出现上部的花正开，下部的花已经结果的情况。唐代诗人岑参用蜀葵的这个特点，劝人及时行乐："昨日一花开，今日一花开。今日花正好，昨日花已老。始知人老不如花，可惜落花君莫扫。人生不得长少年，莫惜床头沽酒钱。请君有钱向酒家，君不见，蜀葵花。"

第五部分

长长久久的幸福味道

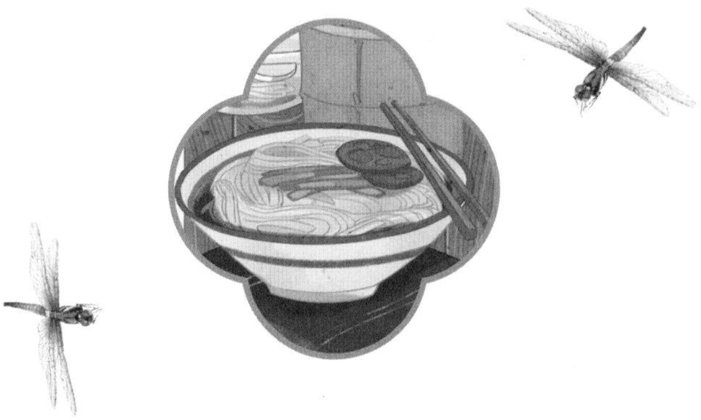

“冬至馄饨夏至面”，夏至吃面是北方很多地区的重要传统。在一年当中白昼最长的这天，人们用长长的面条象征夏至的长昼，期盼幸福的日子长长久久。夏至日过后，太阳直射点开始从北回归线向南移动，北半球白昼逐渐缩短，民间有“吃过夏至面，一天短一线”的说法。

夏至面

“冬至馄饨夏至面”，夏至吃面是北方很多地区的重要传统。在一年当中白昼最长的这天，人们用长长的面条象征夏至的长昼，期盼幸福的日子长长久久。夏至日过后，太阳直射点开始从北回归线向南移动，北半球白昼逐渐缩短，民间有“吃过夏至面，一天短一线”的说法。此外，在黄河流域，夏至前后是小麦收获的季节，古人用新麦做成面条，用“尝新”来表达丰收的喜悦。

夏至这天，老北京的习俗是吃冷淘面，俗称“过水面”。清代北京岁时风土杂记《帝京岁时纪胜》中记载：“京师于是日家家俱食冷淘面，即俗说过水面也。乃都门之美品。”过水面就是将面条煮熟后，先放到凉水中涮一涮，抖一抖，叫作“拔凉”。过水后的凉面清凉降火，吃起来不像热面那样软，嚼着筋道带劲儿。

早在唐代，凉面就是一种流行的吃法，而且制作相当讲究。杜甫有一首诗叫《槐叶冷淘》，将加入槐叶汁的碧绿凉面描写得诱人心魂，“经齿冷于雪，劝人投此珠”，“君王纳凉晚，此味亦时须”。在苦夏时节来一碗冷淘面，保准让人胃口大开。

中国人自古对面条情有独钟，各地都有自己的“当家面”。面条表面看上去低调不张扬，一碗简简单单的白面而已，可一旦淋上各地特有的浇头，立刻呈现出万千姿态。阳春面、炸酱面、肉丝面、热干面、担担面、油泼面、臊子面……长长的面条连接起不同的地区、不同的民族，成为一条文化交流的“美味通道”。

夏至饼

江南地区有谚语云："夏至夏至，麦饼尽吃。"麦饼指的就是夏至饼。夏收过后，新麦登台，一些地方会做夏至饼"尝新"。夏至饼做好后先要祭祀祖先，敬拜土地，然后赠送亲朋好友一起品尝。

夏至饼要将新麦面粉加温水和面，如果想获得更有层次的口感，可以用搅拌好的鸡蛋液代替温水。面盆上盖一块湿布，让面团在里面醒一会儿。在湿布掩盖下，面团吸收着水分，舒展开来，把麦田里的清香带到厨房里，回报着农民大半年来的牵挂与汗水。

将一块面团取下，用擀面杖来回推展，直到擀成薄薄的圆饼状；喜欢吃咸，就在上面放上当季的新鲜青菜、腊肉等；喜欢吃甜，就放上甜甜的豆沙馅，然后对折成半月形，把边缘压实，放到锅里烤熟，夏至饼就做好了。

更讲究的做法，是将鲜嫩的艾草攮出汤汁，掺入新麦粉中。做成的夏至饼如一把展开的绿色折扇，扇面如翡翠，带着艾草的香气、茎叶的生机和太阳晒过的味道。

用植物汁液和面自古有之，前面提到的唐代"槐叶冷淘"，用的就是槐树的叶汁。"青青高槐叶，采掇付中厨。新面来近市，汁滓宛相俱。"从槐树上采来翠绿的叶子，从市集上买来刚刚上市的新面，回到家里捣汁和面。"入鼎资过熟，加餐愁欲无。"放到鼎中做熟，不觉间已吃下很多，连忧愁都消散了。

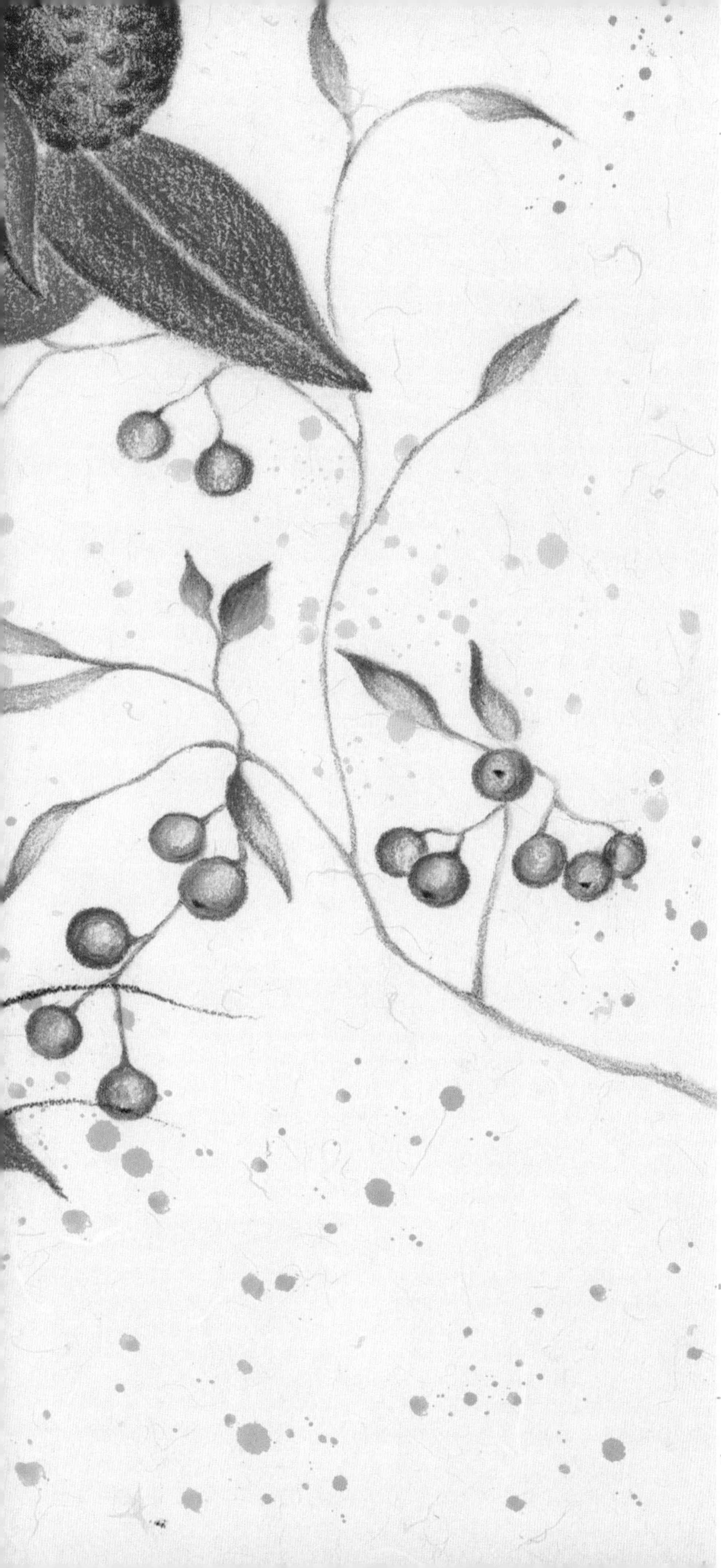

小暑

就热之中分为大小，月初为小，月中为大，今则热气犹小也。

第一部分

气象特征

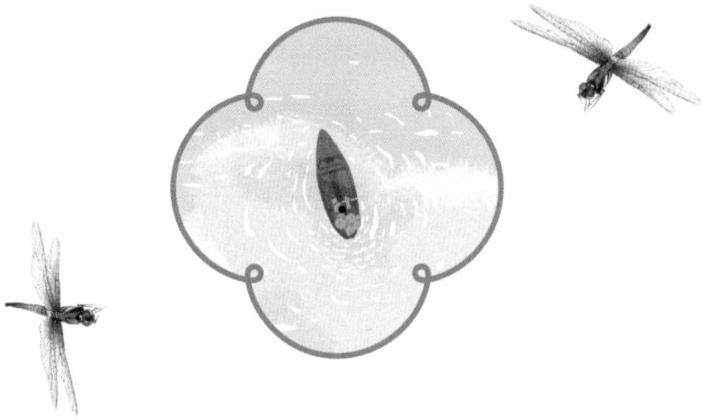

一般每年的7月7日或8日为小暑。我国大部分地区开始进入一年之中最热的时段，除了青藏高原和其他高海拔地区外，人们往往都要穿短袖、短裤，依靠空调、电扇消夏度日。有关这段时期的称呼还有很多，譬如大家都熟悉的“三伏”，就发生在小暑节气后不久，并且贯穿大暑节气始终。

小暑和大暑节气期间，暖气团横行全国，冷气团龟缩到青藏高原上，主导我国的天气系统是副热带高压和大陆暖高压。在这“哼哈二将”的控制下，我国大部分地区的气温达到全年的最高峰，湿度也达到全年最大；这段时期，主雨带在我国不断北上，从南岭至武夷山一线到长江流域，再到淮河流域，最后到四川和北方。因此，这段时间也是我国的主汛期，降雨量多少对全年是旱是涝最为关键。这段时间还是我国台风登陆的第一个高峰期，“防台抗台”任务很重。

主要天气系统

副热带高压

副热带高压有两种含义，一种是地球常年存在的、控制南北半球副热带的高压带；另一种特指从太平洋伸展过来，夏季控制我国中东部的强大暖性高压。很显然，我们文章中说的是第二种。

太平洋副热带高压是我国夏季天气的“统领”，它控制的地方盛行下沉气流，往往是高温晴好天气；它的南北两侧是雨带，其中南侧雨带吹东风，水汽从太平洋吹向我国，常常出现台风；而北侧吹西南风，水汽从南海、孟加拉湾吹向我国，并和冷空气交汇在副热带高压北侧，形成我国的主雨带。从立夏开始，副热带高压就频繁踏上我国陆地，参与天气过程；到小暑、大暑，副热带高压就更加重要了。

因为在小暑和大暑，副热带高压主体已经向北跳上我国陆地，逐渐控制华南、江南、长江沿线和淮河流域。随着它的北跳，我国的主雨带从小暑时的沿江，跳到大暑时的北方；而海南、广西、广东、福建、台湾等地，逐渐处于副热带高压南侧，热带云团和台风袭击逐渐增多，台风强度逐渐加大。而在副热带高压控制下的江南、长江沿线和北方偏东地区，下沉气流越来越强，近地面吹起极为湿热的西南风，空气的温度、湿度都会大幅增长，进入一年之中最热的时候。

青藏高压

在小暑和大暑节气，阳光照耀在青藏高原的皑皑积雪上，热量被弹回大气层，在对流层顶部集聚，形成强大的高层高压，这就是青藏高压。和副热带高压、大陆高压相比，青藏高压的层级更高，一般出现在万米高空，而且它的面积更大，往往以青藏高原为中心，向西延伸到中亚、西亚，向东延伸到我国中东部甚至太平洋。青藏高压在小暑、大暑节气里的扩展，是我国出现高温、降雨、台风的关键所在，也是小暑、大暑节气阳气极为旺盛的明证。虽然生活在陆地上的我们感受不到它，但仍需要知道它的存在。

干热和湿热

不过，不同地方的热是完全不一样的。比如南方地区，小暑和大暑时已被副热带高压控制。这里的热，是太阳暴晒和强盛暖湿气流共同作用下的热，因此不仅温度高，而且湿度也高；不仅中午热，而且早晚也很热。而在北方，小暑和大暑时一般都是受大陆暖高压控制，尽管太阳暴晒得更厉害，但温度高、湿度小，而且早晚相对凉快。尤其是新疆沙漠戈壁地区，中午气温往往升到40℃以上，但早晚气温又快速跌回20℃以内甚至更低，气温日较差高达20℃以上。“抱着火炉吃西瓜”，说的就是这种天气。在网络上，人们把南方的湿热叫“桑拿天”，把北方的干热叫“烧烤天”。

值得注意的是，随着全球气候的变化，现在湿热已不是南方的专利，北方也经常受到真正的副热带高压控制，在小暑和大暑节气出现桑拿天，尤其是山东、京津冀和东北等离海比较近、水汽比较丰富的东部地区。如2018年的小暑和大暑节气，济南、北京、天津、沈阳等多个北方城市都出现了高温、高湿的桑拿天，东北中暑的人大增。因此，不要以为待在北方，桑拿天就一定会放过你。

梅雨和伏旱

除了热量处在巅峰期，小暑时的水汽也处于巅峰状态，因此，小暑是我国暴雨即将达到巅峰的节气。这个时候的暴雨主要有两种，以副热带高压为界：在副热带高压北侧的雨带，叫我国主雨带。这条主雨带在南方时，形成的连续降雨叫梅雨；而这条雨带在北方时，形成的连续降雨就叫主汛期降雨。在副热带高压南侧的雨带，称为热带东风雨带，其中常有台风发生。

一般情况下，副热带高压和雨带的北跳是匀速的，随季节起舞，暮春时抵达广东沿海，初夏时登上福建和台湾，小暑和大暑前后控制长江流域，甚至远上华北、东北，然后再后退。这样一来，就保证了雨水和阳光的“雨露均沾”，旱涝不会不均。

南方在小暑和大暑之间，会经过梅雨、伏旱的转变。所谓梅雨，就是梅子成熟时节，连续降下的要让人发霉的雨，在气象学意义上，就是副热带高压北侧雨带在江南和沿江一带降下的雨。这种雨连续不断，往往要下十来天，其间阳光稀少，空气憋闷，是体感最难受的天气之一。

然而在副热带高压北跳之后，大概是小暑后、大暑前，南方尤其是长江中下游，又要面临“伏旱”。所谓伏旱，就是三伏天里发生的旱情，以天气酷热、烈日暴晒为特征。因为这个时候太阳直射点偏北，地面热量很高，再加上受副热带高压强有力的下沉气流控制，想不酷热都很难。

第二部分

小暑三候

初候，温风至。

二候，蟋蟀居宇。

三候，鹰始击。

初候，温风至。

这里的“温风”不是温和的风，而是热乎乎的风，象征着暑气蒸腾和热浪来袭，空气中一丝凉风都没有了。不过相比大暑，小暑的“温风”也仅仅是“至”，还未发展到全盛。这也代表古人对小暑的态度，他们认为，小暑还是不如大暑热的。

二候，蟋蟀居宇。

《诗经·七月》中描述蟋蟀“七月在野，八月在宇”，这里的“八月”其实就是指小暑节气前后。这句话的意思是，小暑时天气炎热，蟋蟀在户外热得受不了，只能来到人类住房的墙根处避暑，求得一丝凉意。

三候，鹰始击。

我们都知道“鹰击长空”这个成语，“击”就是离开地面，在高空活动的意思。鹰始击，说明在小暑节气，老鹰已经受不了地面的高温酷热，转而到相对凉快的高空活动。毕竟，对流层中每上升100米，气温就会下降0.6℃。

第三部分

节气习俗

喜夏

[金] 庞铸

小暑不足畏，深居如退藏。
青奴初荐枕，黄妳亦升堂。
鸟语竹阴密，雨声荷叶香。
晚凉无一事，步屧到西厢。

伏日祭祀

“冬练三九，夏练三伏。”小暑过后，全年最热的“三伏天”就要到了。伏天的说法起源于春秋时期的秦国，从夏至日后第三个庚日开始数伏，共分为初伏、中伏和末伏三个阶段。古人认为阴气受到阳气的压迫，潜伏到了地下，所以称这个时期为“三伏”。根据古书记载，远在先秦时期，已有伏日祭祀炎帝和祝融的习俗。相传炎帝懂得如何使用火，并因此得到王位，在上古神话中他被尊为太阳神，火神祝融则是他的玄孙。农作物生长离不开太阳，但是烈日暴晒又会导致“伏旱”灾害，在最热的伏天祭祀炎帝和祝融，是为了感恩他们赐给人间光与热，同时祈愿庄稼顺利生长，不受灾害的侵袭。

百索子撂上屋

七月初七是我国最富浪漫色彩的传统节日“七夕节”。在传说故事中，狠心的王母娘娘派天兵抓走了织女，牛郎带着两个孩子，乘着牛角变成的小船飞天去追，眼看就要追上了，一条大河却将他们分隔开来。此时，无数的喜鹊飞拢过来，搭起一座鹊桥，一家人终于得以相聚。此后每年的七月初七，牛郎和织女就在鹊桥上互诉衷肠。人们有感于他们坚贞的爱情，将自己的心愿寄托在这美丽的传说中。在农历六月初六这天，大家将端午节佩戴的五色丝线“百索子”扔到屋顶上，让喜鹊衔去银河，为牛郎织女搭起一座五彩的希望之桥。

翻经节

“六月六”对于寺庙来说，也是一个特殊的日子，叫“翻经节”。寺庙里通常会藏有经书，有的地方还设有藏经院，所藏经卷众多。古老的书卷本身就不易保存，再加上梅雨季节，经卷更容易在受潮后发霉生虫，因此需要定期保养。农历六月初六，是寺庙固定晒经的日子，各地的寺庙和道观还会举办“晾经会”，把所有经书摊到太阳底下暴晒。民间相传，这个佛家节日与唐僧有关。师徒四人历经千难险阻取得真经，在归途中却不慎将经书掉进水里。湿漉漉的经书没法带走，他们只得把书铺到大石头上晾干。这天就被定为“翻经节”。

晒伏

所谓“晒伏”，就是在伏天把家里所有可晒的东西都拿出来晒一晒。我们现在都知道，太阳光具有一定的灭菌作用。在科学不够发达的古代，古人依靠智慧和经验，很早就洞察了这个秘密。农历六月初六，相传是“龙宫晒龙袍”的日子。这天通常日照时间长，气温高，阳光辐射强，非常适合给物品去除潮湿气，防止生霉菌。在皇宫里，侍从、宫女在各个宫殿中进进出出，銮驾、文档、书籍以及各类器物等，全都被小心翼翼地搬到庭院中晒太阳。民间也是一片忙碌，大人小孩齐上手，让家里的衣物和被褥洗个日光浴，沾染上“太阳的味道”。

第四部分

花开时节

再见双头莲

[宋] 吴芾

我来才见月初圆，两度池开并蒂莲。
嘉瑞还来非偶尔，悬知连岁有丰年。

合欢

合欢的花期在6月到7月，它的花很有特点，像是由无数花丝组成的绒球，自上而下由粉变白，柔柔袅袅。李渔在《闲情偶寄》中称“合欢蠲忿”，意思是说这种花可以消除人的愤怒。这也许是因为合欢轻柔、可爱，愤怒的人见了也会顿时心软下来。它的叶子由许多小叶组成，排列整齐，两两对生，一片大叶上能有十到三十对小叶。白天叶片舒展，到了晚上或是阴天时，每对小叶就合拢在一起，由此得名“合欢”“夜合”。合欢还有个别名叫“马缨花”，这是因为它的花形如马缨，也就是挂在马脖子上的一种穗状装饰物。

荷花

荷花也称莲花，在我国的栽培历史可追溯到周代。因为周敦颐的《爱莲说》，莲花的君子形象深入人心。荷花有红色、粉红色和白色，花期在6月到8月，花朵单生于花柄顶端。除此之外，还有一些并不常见的荷花形态，比如“并蒂莲”，就是一根花柄上开两朵花，结两个莲蓬；比它更稀有的，还有一梗开三花的“品字莲”，一梗开四花的“四面莲”。这些都是自然形成的偶然现象，既没有遗传性，也不能人工培植，被古人视为祥瑞之兆。如今，我们还经常在新闻中看到并蒂莲盛开的喜讯，引得大批游客前去观赏，希望能沾沾喜气。

凌霄

凌霄是攀缘藤本植物，花瓣内面是红色，外面是橙黄色，花萼呈长钟形，花期在6月到8月。凌霄的茎看上去芊芊细细，似乎很柔弱，其实却怀有“凌云壮志”，立志把自己的花朵开到云霄之上。这并非是它的“自大自狂”，在凌霄的茎上生有一种叫“攀缘根”的不定根，可以依附在墙壁、山石或其他树的树干上，借由它们不断攀缘向上。古人曾为了它“隔空辩论”，宋人贾昌朝以一首《咏凌霄花》赞叹：“披云似有凌云志，向日宁无捧日心。”白居易和梅尧臣却一针见血地指出，一旦凌霄失去依附，便再难自立了。这些其实都是诗人托物言志，讨论的角度不一样罢了。

第五部分

夏日花香藕

夏天采摘的藕称为“花香藕”，秋天采摘的藕称为“桂花藕”。小暑时节，民间的习俗是吃藕。古往今来，诗人多赞咏莲花“出淤泥而不染”，却忘记恰是淤泥中的莲藕，滋养着莲的高贵清廉。“身处污泥未染泥，白茎埋地没人知。”

鲜藕

藕是莲科植物的根茎，生长之初只有手指般粗细，到了夏秋季节，新藕充分膨大，此时出产的藕品质最佳。夏天采摘的藕称为“花香藕”，秋天采摘的藕称为“桂花藕”。小暑时节，民间的习俗是吃藕。莲藕的种植在我国已有三千多年历史，是一种较早的水作物食材。古往今来，诗人多赞咏莲花“出淤泥而不染”，却忘记恰是淤泥中的莲藕，滋养着莲的高贵清廉。“身处污泥未染泥，白茎埋地没人知。”

但是在饮食文化上，莲藕绝对可以理直气壮地打个翻身仗。早在南北朝时期，人们就发明了“灌蜜蒸藕”的方法。我们现在常喝的藕粉，在元代就有了成熟的制作工艺。藕在唐代备受推崇，苏州的“伤荷藕”就是献给皇上的贡品，为了促进藕根生长，有意损伤荷叶而得名。

莲藕洗去身上的淤泥，露出它白玉般的本色，因有藕孔而显得精巧剔透。《本草纲目》中称藕为“灵根”，并说：“六七月采嫩者，生食脆美。”将鲜藕洗净、切片，直接入口，脆嫩、甘美、润爽，难怪有人喜欢把它当作水果吃。

小暑这天，南方一些地区的传统是吃蜜汁糯米藕。糯米提前浸泡好，切下鲜藕的一端，仔细地用糯米把藕孔填满，然后把刚才切下的“藕帽”重新盖上，用牙签固定，加冰糖熬制，出锅后淋上一层桂花蜜。被糖汁包裹的藕片通体油亮，藕片不软也不硬，糯米有了藕的嫩滑，藕被赋予了糯米的软糯。最后撒下的甜蜜桂花，无疑是锦上添花了。

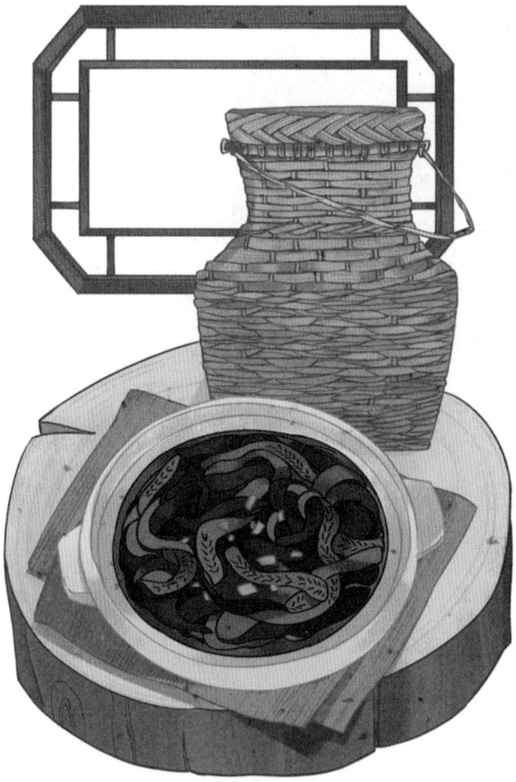

黄鳝

小暑食俗有“三宝”，黄鳝、蜜汁藕和绿豆芽。说起黄鳝，民间谚语有云：“小暑黄鳝赛人参。”鳝鱼在古代被称为“鱼旦”“鱼单”，因为它长长的身体像蛇，又被称为“长鱼”；又因它是黄色，所以俗称“黄鳝”。宋代的《东京梦华录》中，就有关于鳝鱼包子的记载。

黄鳝冬蛰夏出，常栖息在池塘、小河、稻田等带有淤泥的水中，小暑时节最为圆肥，肉质鲜嫩，不但少刺，而且营养丰富。小暑一过，鳝鱼便会身价大跌，因此每年这个时候，江浙一带的菜馆里涌现出各式的鳝鱼佳肴，能有几十种不同口味，对于讲求“不时不食”的人来说，可就有口福了。

“水槛风亭大酒坊，点心争买鳝鸳鸯。”清代诗人袁学澜所说的“鳝鸳鸯”，就是苏州著名的鳝鱼卤肉面，这种汤面以黄鳝丝为浇头，惹得人们争相购买。不得不提的，还有苏帮菜中赫赫有名的“响油鳝糊”。若按传统做法，鳝鱼必须选择毛笔杆粗细的笔杆鳝，刀工精湛的师傅熟练地将鳝鱼片成丝，烹制完成后要在鳝鱼中间用勺揿一个小潭，将蒜蓉放在潭内。最精彩的是给客人端上桌的那一刻，和鳝鱼一起被端上来的，还有一小碗滚烫的麻油。上菜的伙计动作娴熟地将麻油浇在蒜蓉上面，霎时间噼里啪啦，响声入耳，鲜味入鼻，再撒上些许胡椒粉，要的就是当面勾起客人食欲的妙趣。

大暑

小大者，就极热之中，分为大小，初后为小，望后为大。

第一部分

气象特征

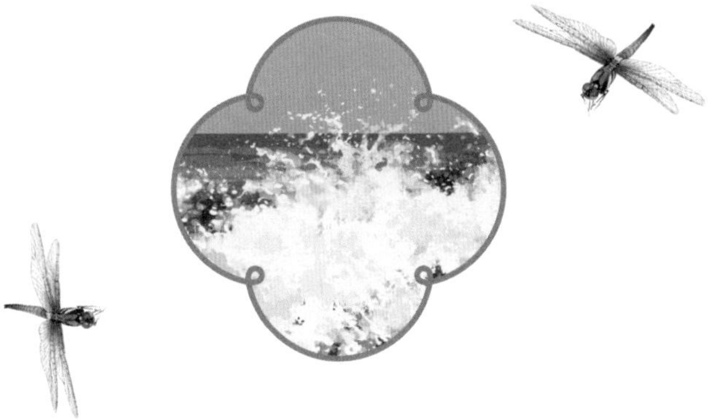

在 7 月 23 日前后，一年之中真正最热的节气——大暑到来。和小暑节气一样，人们都要穿最少的衣裳，用最多的电量，打开空调，食用冷饮，以度过这难熬的盛夏巅峰。和小暑不一样的是，大暑节气处于“七下八上”主汛期，大陆热量处于巅峰，海洋热量虽然还没到最大，但比小暑时要高很多。因此，大暑才是全方位的最热节气。

小暑和大暑节气期间，尽管太阳直射点已从北回归线依次回归北纬 19 度、北纬 15 度附近，辐射能量稍有所下降，但由于陆地和海洋的热量积累，这两个节气期间，我国的降雨量和热量真正达到巅峰，而且是同时达到，这正是“雨热同期”，极有利于作物生长。因此，虽然小暑和大暑让人感到“上蒸下煮”，但对农作物来讲，这种极致的湿热却非常宝贵。

主要天气系统

大陆暖高压

大陆暖高压和太平洋副热带高压是“亲戚”。它们都属于副热带高压带中的暖高压成员，控制区域内都盛行下沉气流，有强烈的阳光，但性格却有所不同。首先，从控制区域来看，“正统”的副热带高压是从太平洋上伸展到陆地，是海上的高压，而大陆高压是陆地上“土生土长”的。其次，从控制区域内的天气来说，副热带高压控制区内，海风直吹陆地，气温高，同时湿度大，憋闷感明显，多湿热的桑拿天；而大陆高压都是大陆的干燥气流，风越吹越热，越吹越干，以干热天气为主。再次，副热带高压北侧和南侧一般都有雨带，南侧还有台风，这是大陆高压所没有的。大陆高压一般在小暑、大暑节气前后控制北方和西南地区，是这些地方高温天气的主要天气系统。有关副热带高压，请参考“小暑”节气中的介绍。

西风槽和冷涡

小暑和大暑，虽然是一年之中的极热节气，但还是会有一点点冷空气。而这些冷空气，就是由高悬于我国上空的西风槽和冷涡带来的。由于大陆的热量非常高，西风槽和冷涡里的冷空气不能深度南下，只会浅尝辄止，一小波一小波南下，以渗透、骚扰等形式来到我国。不过俗话说得好，“一个巴掌拍不响”。就是这点冷空气，和夏季风一起，形成南方的梅雨带和北方的雷雨带，甚至偶尔南下到南方形成雷阵雨，使高温得以缓解。

热带气旋

西北太平洋和南海上空生成的热带气旋，就是我们所熟知的台风。它和大西洋的飓风、印度洋的气旋性风暴等，实质相同，名字不同。顾名思义，热带气旋就要在热带的海洋上生成，一般需要海洋表层水温高于26.5℃，也要求空气湿度大。因此，台风活跃是大气能量、海洋能量很高的表现。

西北太平洋一年四季都可以生成台风，这是因为西北太平洋热带面积广阔，终年温暖无冬。我国北方在隆冬季节时，菲律宾以东洋面的水温依然在26.5℃以上。不过，我国近海的水温可不是这样。气象数据显示，南海、东海、黄海和渤海的水温，要依次在6月到8月才能达到台风生成和发展的温度，并延续到9月。正因为此，我国台风登陆的集中期是6月到9月。小暑和大暑是第一个台风集中登陆的时段，也可以说是我国的第一个台风活跃期。

主要天气现象

大暑，是全国大多数地方最容易出现高温的节气，无论东西南北。当然，热带季风气候的云南南部、海南大部分地区和广东雷州半岛除外，这些地方分干季和湿季，最热的时候并不是小暑和大暑，而是干季即将结束、湿季还未到来的5月末。除此之外，其他地方在大暑时基本上都是最热的时候了。

桑拿天和烧烤天

湿热的桑拿天和干热的烧烤天，哪种更热？科学家们提出了一种折算方法，叫“酷热指数”（Heat Index）。按照这个酷热指数公式算出来的温度，会近似于人真实的体感温度。譬如，2019年7月29日，江苏涟水的最高气温为35.5℃，看起来并不惊人，但与此同时，相对湿度达到了73%，根据公式计算，当天涟水的酷热指数高达54℃，可谓出门即中暑。

正因为此，虽然北方的干热看起来温度更高，但其实更难受的是南方。举几个例子：全国的高温纪录出现在北方，是2015年7月24日的新疆艾丁湖，当天最高气温为50.3℃。一线城市中，北京高温极值为42.1℃，上海为40.8℃，而广州仅为39.6℃。是否可以得出北京最热的结论呢？答案恰恰相反，上海和广州都比北京热，但它们的气象观测数据就是没有北京高，这就是湿热和干热的区别。

北方主汛期

当大暑到来时，副热带高压北侧的主雨带一般会来到北方，这就是北方主汛期的开始。和南方一样，北方的主汛期也常常出现暴雨；但和南方不一样的是，北方冷空气更强，水汽更稀疏——注意，不一定是更少，而是更稀疏。这样一来，北方的雨就没有南方那么连续，区域没有那么大，但真下起来，会特别猛烈，酿成严重灾害。如2012年北京“721暴雨”中，房山区河北镇24小时降雨量达到了541毫米，大致相当于当地全年的降雨量。

第一个台风活跃期

小暑和大暑节气前后，我国迎来了第一个台风登陆的高峰期。原因也好理解，因为小暑和大暑节气时，暑气蒸腾，用现代气象学的名词来说，就是副热带高压在北抬。而台风一般在副热带高压南侧的热带海洋里出现，副热带高压北抬后，相当于给台风腾出地方来了，而且副热带高压的“底线”就维持在我国东南沿海，这就让台风容易登陆我国。

登陆我国的最强台风是2014年的威马逊，就发生在小暑和大暑期间。威马逊于2014年7月18日至19日先后登陆海南、广东和广西，三次登陆的强度分别是17级以上的超强台风、17级超强台风和15级强台风。此外，登陆浙江的超强台风之一——5612号台风，也是在大暑节气前后登陆我国。

第二部分

大暑三候

初候，腐草为萤。

二候，土润溽暑。

三候，大雨时行。

初候，腐草为萤。

“腐草为萤”其实是古人的一种错觉。在大暑节气时，萤火虫往往在水边的草地上产卵，让人觉得是水草、腐草中间长出了萤火虫，有时候还称之为“鬼火”。

二候，土润溽暑。

大暑节气也是我国主雨带最盛、北抬最快的时期，南方梅雨达到巅峰，随后北方进入主汛期。因此，大暑节气前后，不管是什么地方，气温、湿度都会达到一年之中的最高值，暴雨也会是一年之中最大的，所有的土壤都是湿漉漉的。这反过来会加剧体感热度，让人感到暑热难耐。

三候，大雨时行。

大暑的第三候是其二候的延伸和加强。在空气增湿且气温不断上升后，大雨的出现是必然的。不管是主雨带里的雨，还是副热带高压控制下的热对流雷雨，大暑节气时的雨总是非常激烈，雨量很大。

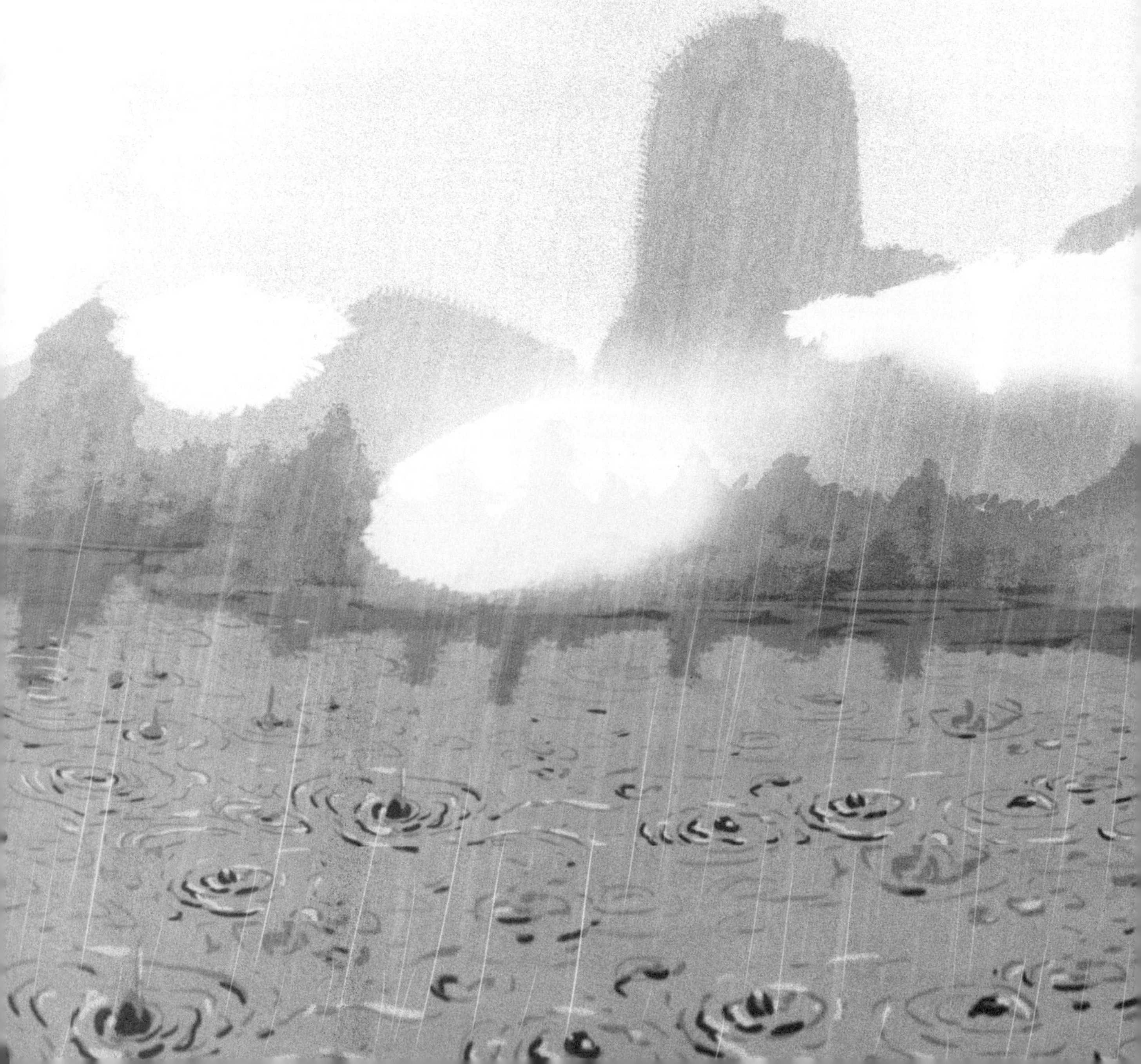

第三部分

节气习俗

促织

［宋］杨万里

一声能遣一人愁，终夕声声晓未休。
不解缫丝替人织，强来出口促衣裘。

荷花生日

古往今来，爱荷之人不计其数，诗词文献中对荷花的赞咏更是多得数不过来。荷花盛开在农历六月，人们对其太过喜爱，以至于将六月称为“荷月”，将这个月的二十四日定为荷花的生日。清人顾禄在《清嘉录》中说：“是日，又为荷花生日。旧俗，画船箫鼓，竞于葑门外荷花荡，观荷纳凉。今游客皆舣舟虎阜山滨，以应观荷节气。或有观龙舟于荷花荡者。小艇野航，依然毕集，每多晚雨，游人赤脚而归，故俗有‘赤脚荷花荡’之谣。”小船在荷塘上漂漂荡荡，人们边赏花，边感受“接天荷叶”中的清爽，常常流连忘返，不觉间已下起了雨，只得脱下鞋，光着脚跑回家，戏称“赤脚荷花荡”。

送大暑船

浙江台州等沿海一带，大暑节气里有送“大暑船”的习俗。相传晚清时，大暑前后病疫肆虐，人们认为这是由“五圣”——张元伯、刘元达、赵公明、史文业、钟仕贵所引发，便在江边修建五圣庙，祈求平安健康。大暑这天是集体祭拜五圣的日子，渔民们要将载满供品的大暑船抬至码头。大暑船的大小和普通的大号捕鱼船差不多，船身为蓝色，船上设有神龛和香案。活动当天热闹非凡，敲锣打鼓、放鞭炮，数十位渔民轮流抬着大暑船行进在街道上，后面缓缓跟着祈福的人群。盛大的祈福仪式就在码头举行。仪式结束后，船由一两位资格老的船员驶出渔港，他们乘所带的小舢板返回，任凭大暑船随潮水漂向大海深处。

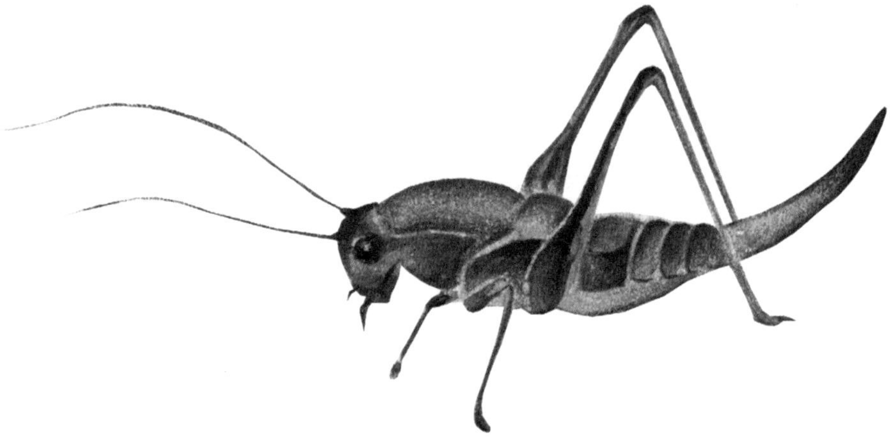

斗蟋蟀

大暑到秋末，是田野里蟋蟀活动的频繁期。斗蟋蟀在古代是一项全民游戏，从皇帝到普通百姓，都对斗蟋蟀格外痴迷，每年给皇帝的贡品中便有蟋蟀一项，甚至还出现了官方举办的比赛。这项活动发源于长江流域和黄河流域中下游，始于唐代，盛行于宋代，清代时越加完善讲究，不仅有专门的地点，还有一套专用工具。挑选蟋蟀的门道就更多了，比如，有“仰头、卷须、练牙、踢腿”症状的不能选，颜色上“白不如黑，黑不如赤，赤不如黄”。参赛蟋蟀须在同一级别，重量与大小相当。主人用特制的日草或马尾鬃引战，斗到难解难分时，真是恨不能亲自上场啊。

半年节

在一年结束的时候，我们会“过大年”，辞旧迎新；在一年过去一半的时候，也有一个节日，叫“半年节”。农历六月一日或十五日，台湾和福建闽南地区要过“半年节”。在节日这天，人们敬拜神明、祭祀先祖，感谢在他们的庇佑下，庄稼获得了丰收，大家的生活丰衣足食。在祭祀的供品中，有一种叫“半年圆”的吃食。半年圆是用糯米磨成粉，在里面和上红曲，揉搓成一个个圆球，然后像煮汤圆一样煮熟。祭祀过后，全家人坐在一起品尝甜甜的半年圆，不管是半年还是一年，期盼每天的生活都能圆圆满满，甜甜美美。

第四部分

花开时节

茉莉花

[宋]江奎

灵种传闻出越裳，何人提挈上蛮航。
他年我若修花史，列作人间第一香。

茉莉

茉莉在百花中算不上惊艳，花期在5月到8月，但它的花香却让人闻而不忘，古人评价说：“玫瑰之甜郁、梅花之馨香、兰花之幽远、玉兰之清雅，莫不兼而有之。”古时女子向来喜欢用花装饰发鬓，有的是因为花形美丽，有的是为了应时节之景，簪茉莉自然是为了借它的香气，“香从清梦回时觉，花向美人头上开”。为了长久地留住这沁人的芬芳，人们将它制成香料、精油等，还出现了茉莉花茶，让茶叶浸染上茉莉花香，从鼻尖一直香到舌尖。根据《乾淳岁时记》的记载，茉莉还被认为有消暑的作用：“置茉莉、素馨等数百盆于广庭，鼓以风轮，清芬满殿。”茉莉花白如雪，清香气可提神，使人产生清凉之感。

凤仙

凤仙的花期在7月到10月，花色多样，有白色、深红、粉红、紫色等。凤仙之名源于它的花形，犹如传说中的凤凰，欲要踏着枝叶展翅升天。如果你看得仔细，再加上一点想象力，就会发现“凤凰”的头、尾、脚和翅膀。凤仙的英文名也很有趣，叫“touch-me-not”，意思是“别碰我”，这是因为它的籽荚只要被轻轻触碰到，就会立刻弹射出花籽来。爱美之心人皆有之，染指甲可不是现代人的专利。旧时女孩儿们常用的“指甲油”就是凤仙花，因此它又被称为“指甲花”。“金凤花开色更鲜，佳人染得指头丹”，在红色的凤仙花瓣中加上明矾，捣汁后涂在指甲上，用布裹住，第二天就有美美的红指甲了。

紫薇

紫薇大致可分为四种花色，紫色、蓝紫色、红色和白色。它的花期很长，通常在6月到9月，有“百日红”之称，诗人杨万里称赞它：“似痴如醉弱不佳，露压风欺分外斜。谁道花无红百日，紫薇长放半年花。”紫薇花虽美，但它的树干常被作为逗趣的对象，当你用手去摸时，枝叶就会摇动，像是被人挠了痒痒，人们笑称它“痒痒树”。其实，这和它独特的外形有关。紫薇树的树干细直，从上到下几乎一般粗细，而由于枝条繁多，树冠较大，整棵树的重心位于上部，头重脚轻。它的树干对震动十分敏感，当有外力碰触时，枝叶就晃动起来。如果你见到一棵紫薇树，不妨也去挠挠它的痒痒。

第五部分

红荔枝与绿仙草

作为夏季消暑果品，大暑这天，福建一些地区要吃荔枝，称为“过大暑”。新鲜的荔枝用冷井水浸泡，冰冰的果肉，吃起来再惬意不过了。仙草又名仙人草、凉粉草，“六月大暑吃仙草，活如神仙不会老”。古时人们顶着烈日外出劳作，身体的水分流失大，因仙草有消暑、解渴的功效，有如仙人所赐而得名。

荔枝

荔枝产于我国南方，与香蕉、菠萝、龙眼并称“南国四大果品”。荔枝的外壳如鸡冠般红艳，果肉如雪般白润、晶莹，放在手中滑溜而略有弹性，放入口中如饮玉浆。白居易形容它“壳如红缯，膜如紫绡，瓤肉莹白如冰雪，浆液甘酸如醴酪”。

作为夏季消暑果品，大暑这天，福建一些地区要吃荔枝，称为“过大暑”。新鲜的荔枝用冷井水浸泡，冰冰的果肉，吃起来再惬意不过了。明代文人徐渤对此描述得很是到位：“当盛夏时，乘晓入林中，带露摘下，浸以冷泉，则壳脆肉寒，色香味俱不变。嚼之，消如降雪，甘若醍醐，沁心入脾。”

在古代，荔枝最初称为“离支”“离枝”，这是因为它一旦被摘下就不易保存，一天后变色，两天后香气消散，三天后变味。如果采摘时连同树枝一同割下，就会延长它的保鲜期。荔枝深受古代帝王的喜爱，是常年进贡的贡品，因此才有了我们熟知的大诗人杜牧的名句：“一骑红尘妃子笑，无人知是荔枝来。”“妃子笑”干脆成了荔枝的别称。

古代文人雅士纷纷拜倒在荔枝的“红裙”之下，在白居易笔下，它是可爱的红珍珠；在张九龄笔下，它是百果中的佼佼者。苏东坡就更夸张了：“日啖荔枝三百颗，不辞长作岭南人。”据说为了吃到鲜荔枝，他曾一度想要定居广东。更有自称“荔枝仙”的明代人宋珏，翻刻了宋代蔡襄的《荔枝谱》，为了不辜负与荔枝此生的相遇，他竟自夸每天能吃下一两千颗！

仙草

仙草又名仙人草、凉粉草，主要分布在广东、江西、浙江、台湾等地。“六月大暑吃仙草，活如神仙不会老。”古时人们顶着烈日外出劳作，身体的水分流失大，因仙草有消暑、解渴的功效，有如仙人所赐而得名。

关于仙草的由来，闽南地区还流传着一个传说。自从嫦娥吃了仙药去到月宫，留在人间的后羿终日思念妻子，想寻仙人草来与妻子团聚，最终却因体力不支倒在了半路上，而他去世的地方正是闽南一带。当地百姓安葬了后羿，不久之后，他的坟头上长出从未见过的绿草，吃后竟感到身心舒爽，清心除火。百姓认为这是后羿留给世人最后的礼物，称它“仙草”。

仙草虽有“仙”名，但相貌平平，看不出半点仙人的气势。绿色的叶子形状似薄荷，两两对生，呈现出十字状，略带绒毛，边缘有锯齿，能闻到一股特殊的香气。

民间用一种叫“烧”的方法来烹制仙草。采摘它上部的茎叶，晾晒成仙草干，放到锅中大火烧煮，直到变成黑色的浓汁，自然冷却后，凝固成凝胶状的仙草冻，叫作“烧仙草”。烧仙草微苦，像果冻一样弹滑，冰镇后苦和凉混在一起，共同抵御夏日的燥热。这和苦夏吃苦草，有异曲同工之妙。

如今，烧仙草已成为福建闽南和台湾地区著名的传统美食，桂圆、红豆、芋圆、蜂蜜、牛奶……纷纷成为仙草的好搭档，口味越来越丰富。